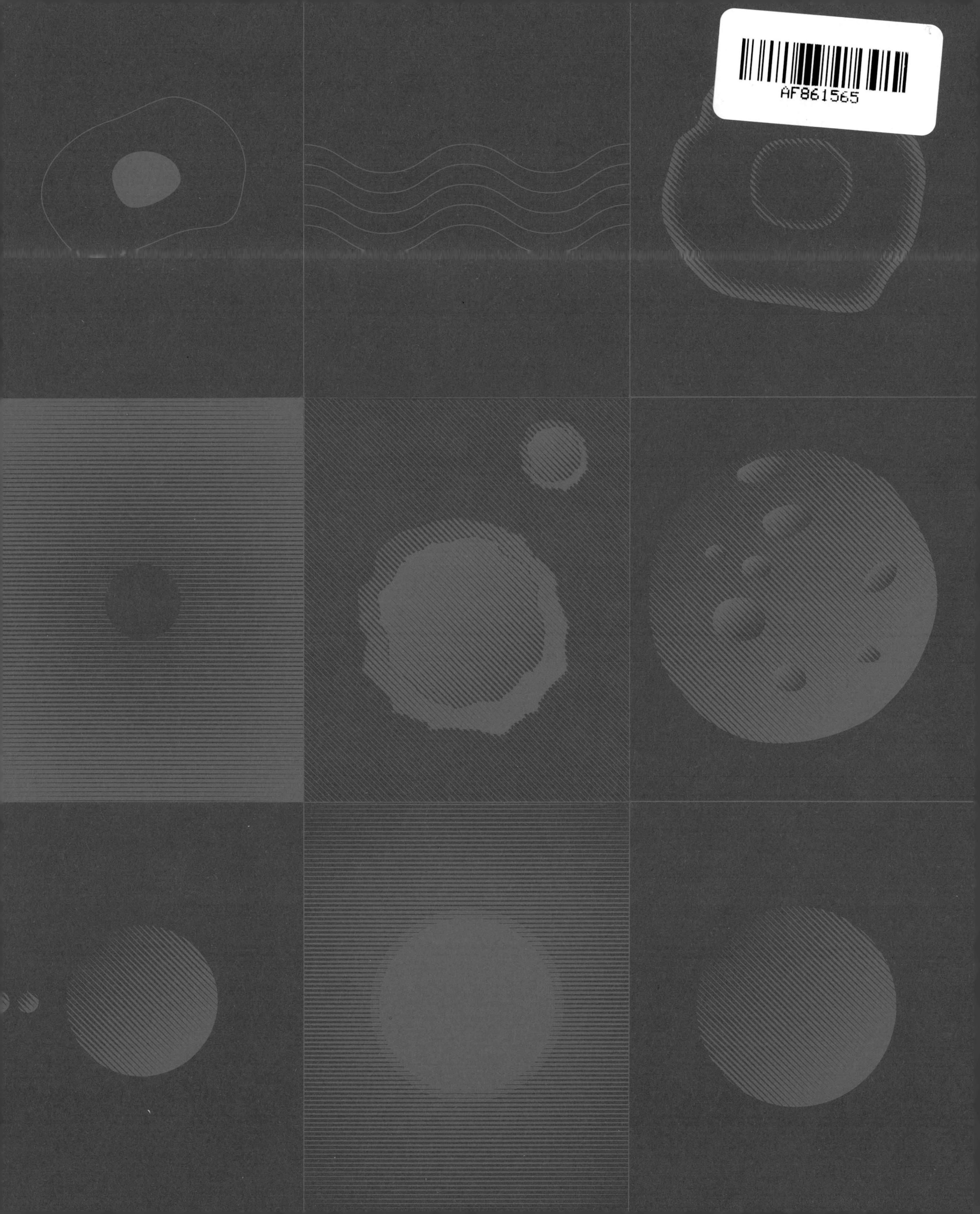

L'ESPACE INTERSTELLAIRE

Pointée vers l'amas d'étoiles NGC 2264, la nébuleuse du Cône occulte la lumière d'étoiles plus lointaines. Les régions rougeâtres sont des zones émissives constituées d'hydrogène excité par le rayonnement ultraviolet des étoiles jeunes et chaudes de l'amas.

Soufflée par l'étoile qui meurt en son centre, la nébuleuse du Battant de Cloche subit une expansion — dont la vitesse est de 70 000 à 140 000 km/h selon les régions — qui disperse son gaz dans l'espace intersidéral. On connaît un millier de nébuleuses de ce genre.

Les filaments d'hydrogène, d'hélium, de carbone et d'oxygène de la Dentelle du Cygne rayonnent par suite de leur collision avec les poussières cosmiques. Située à 25 000 années-lumière, cette nébuleuse est le résidu d'une supernova qui a explosé il y a plus de 30 000 ans.

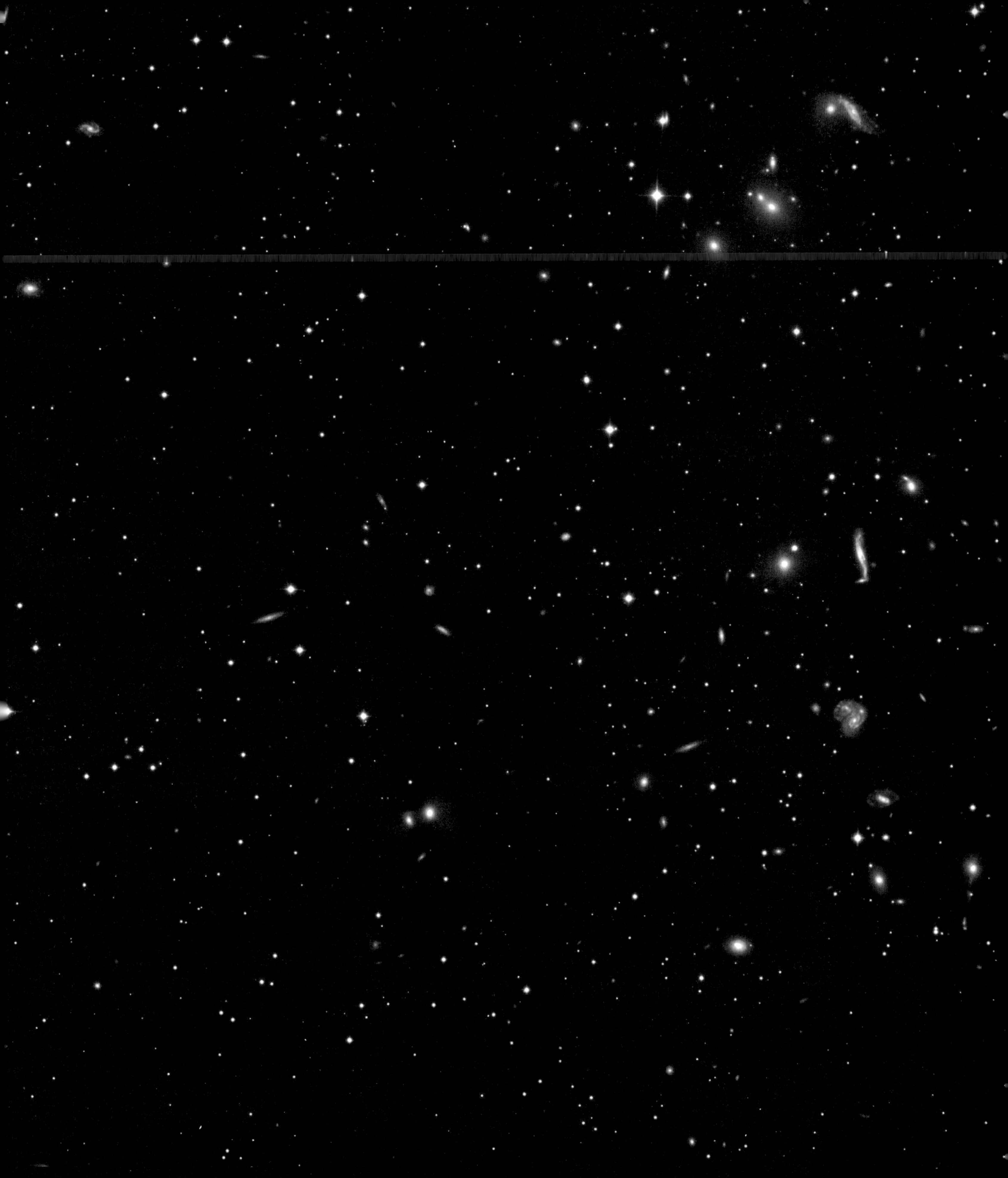

Prisonnières d'un ballet gravitationnel, à 700 millions d'années-lumière de la Terre, les quelque 300 galaxies de l'amas d'Hercule échangent constamment de la matière avec le milieu cosmique.

TIME
LIFE

L'AVENTURE TECHNOLOGIQUE
L'HOMME ET SON UNIVERS
MES LIVRES PRÉFÉRÉS
L'UNIVERS DE L'ÉTRANGE
VOYAGE À TRAVERS L'UNIVERS
LES ENFANTS DÉCOUVRENT...
CHEFS-D'ŒUVRE DE LA PEINTURE
LES MYSTÈRES DE L'INCONNU
TIME-LIFE HISTOIRE DU MONDE
BONNE FORME, SANTÉ ET DIÉTÉTIQUE
LA BONNE CUISINE SANTÉ
LE MONDE DES ORDINATEURS
PEUPLES ET NATIONS
L'ENCYCLOPÉDIE TIME-LIFE DU BRICOLAGE
LA PLANÈTE TERRE
CUISINER MIEUX

Ce volume fait partie d'une collection
qui présente l'univers sous tous ses aspects,
depuis ses débuts, avec le Big-Bang,
jusqu'aux prometteuses explorations
spatiales du XXe siècle.

VOYAGE À TRAVERS L'UNIVERS

L'ESPACE INTERSTELLAIRE

PAR LES RÉDACTEURS DES ÉDITIONS TIME-LIFE
ÉDITIONS TIME-LIFE, AMSTERDAM

TABLE DES MATIÈRES

1/DES «TROUS» DANS LE CIEL

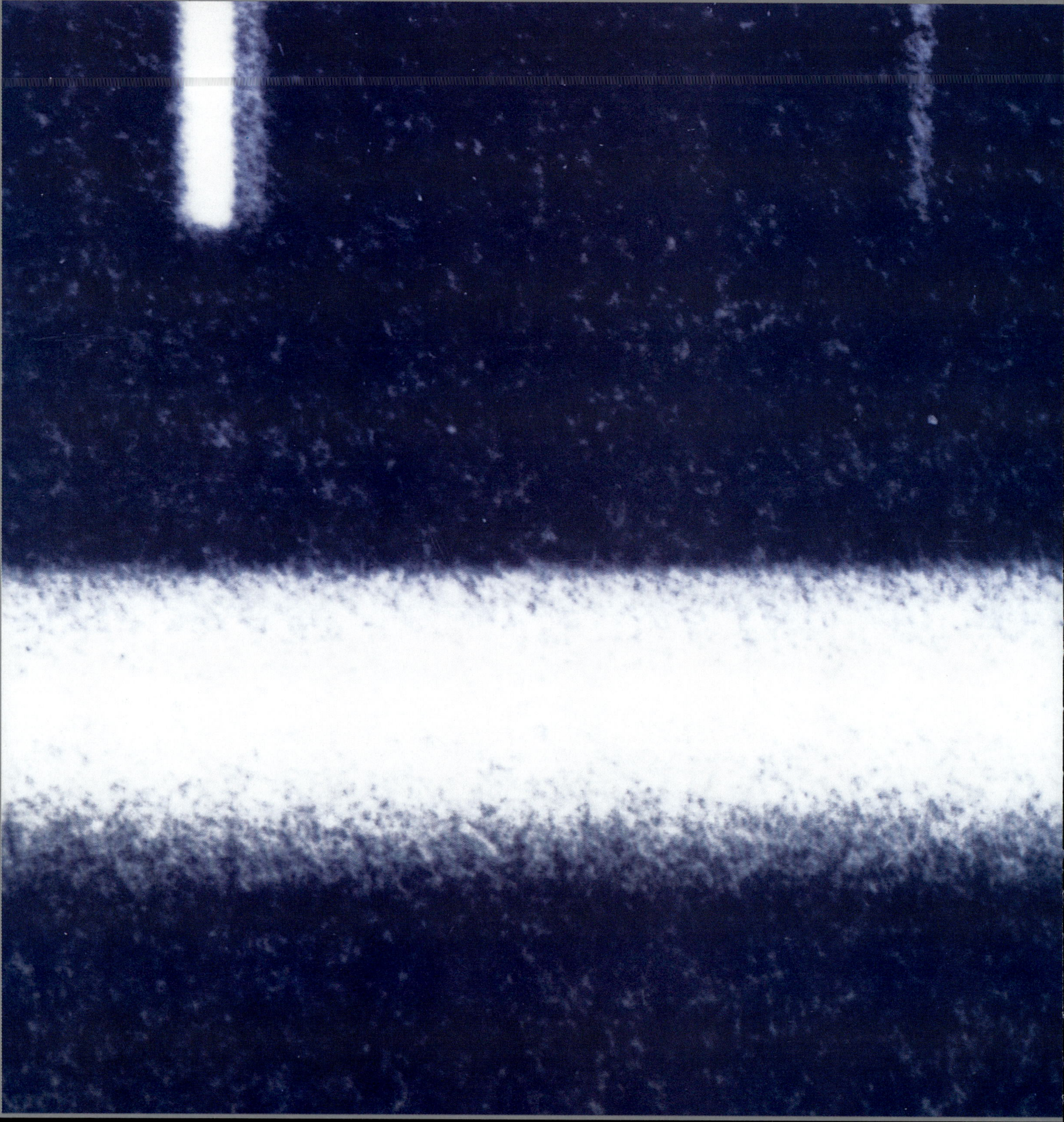

La raie sombre de ce spectre révèle qu'un nuage de calcium — identifié par son spectre témoin *(en haut)* — absorbe partiellement la lumière de l'étoile observée. De telles raies d'absorption confirment l'existence de matière interstellaire.

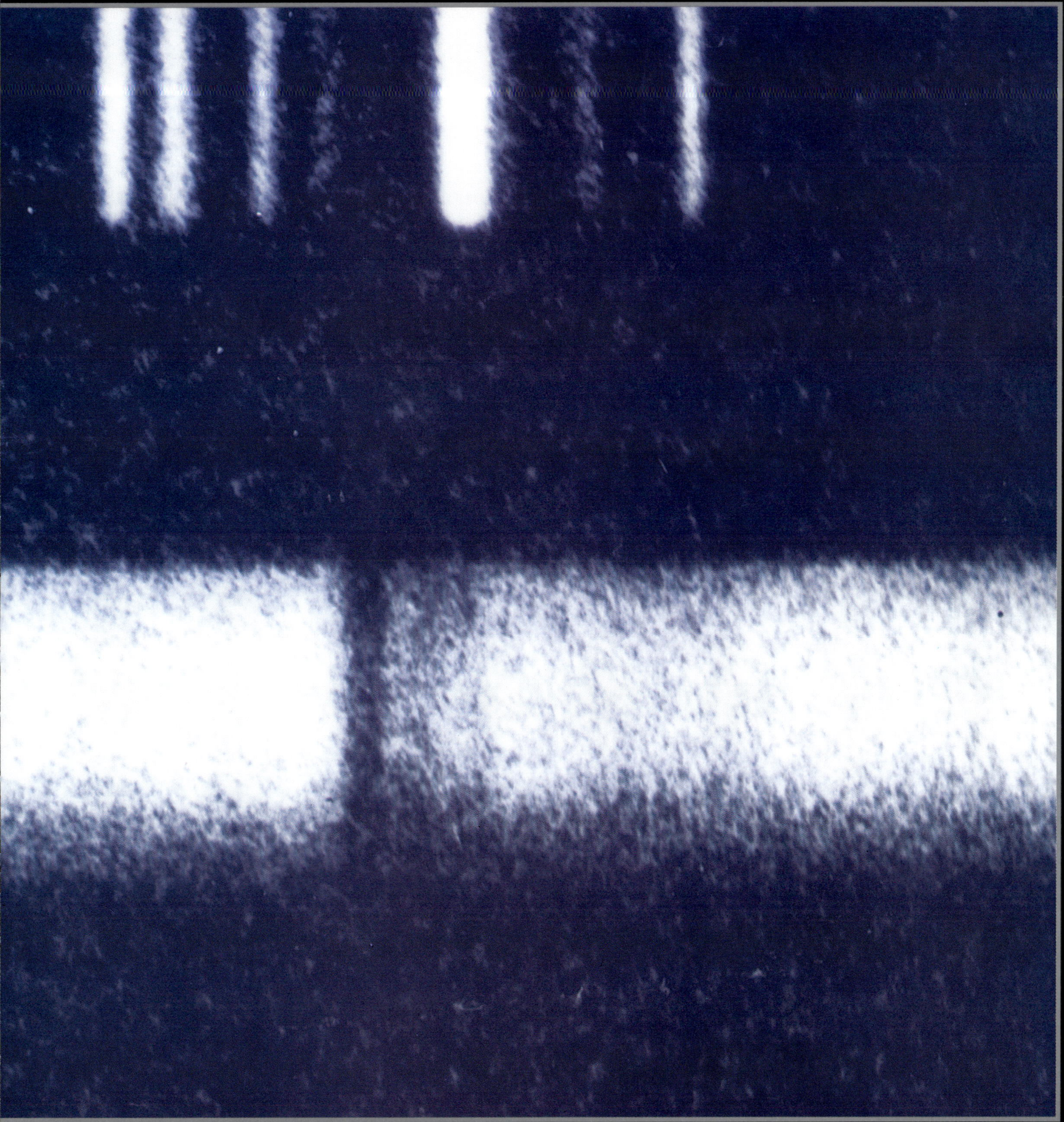

William Herschel ne pensait certainement pas qu'il ferait stagner une partie de la recherche en astronomie lorsqu'il publia vers 1788 ses théories sur «l'architecture des cieux». Dans sa vision cosmologique, l'illustre homme de science qui découvrit Uranus et construisit quantité de télescopes imaginait un univers infini ayant présenté au commencement une distribution uniforme d'étoiles. Peu à peu, sous l'influence de la gravitation, ce milieu homogène avait évolué vers la structure qu'il observait, dans laquelle les étoiles étaient concentrées en amas localisés, d'aspect laiteux, très éloignés les uns des autres, que l'on désignait alors sous le nom de «nébuleuses spirales». Explorant avec son instrument l'immensité du ciel, Herschel y découvrit des régions entières sans aucune étoile: «D'immenses zones vides sont apparues, écrivit-il, qui ont pour cause la convergence des étoiles vers divers centres d'attraction.»

Cette conception était simple et logique: les étoiles, qui ont toutes la même brillance, donnent de la lumière, donc là où il n'y a pas de lumière, il n'y a rien... Or comment s'intéresser à ce qui est vide?

L'hypothèse de Herschel, à l'instar des déclarations d'autres hommes célèbres, prit force de loi et, pendant plus de cent ans, presque personne ne songea à étudier ces «vides» de l'univers, jusqu'au jour où des observations plus poussées montrèrent que cette idée était erronée. C'est sans doute ce faux départ qui fit de l'étude de l'espace interstellaire une des aventures les plus passionnantes des annales de l'astronomie.

L'OBSERVATION DE LA SPHÈRE CÉLESTE

Herschel fondait sa conception sur les observations que permettaient les instruments optiques de l'époque. Mais la lumière des étoiles ne représente qu'une faible partie de l'énergie qui nous vient du ciel.

Les rayonnements qui parcourent l'espace couvrent tout le spectre électromagnétique: les objets très énergétiques, comme les supernovae et les pulsars, émettent des rayons gamma, des rayons X et ultraviolets. Les étoiles et les galaxies rayonnent principalement de la lumière, tandis que les objets plus froids comme les nébuleuses ou les planètes émettent des rayons infrarouges et des ondes radio.

L'astronome anglais William Herschel montre sur un planisphère céleste la plus célèbre de ses découvertes : la planète Uranus. Il déclarait vers 1780 que les régions sombres de la Voie lactée ne sont que des « trous dans le ciel » vides de toute matière. La communauté astronomique vécut dans cette idée pendant un siècle, jusqu'à ce que les progrès de l'optique infirment cette interprétation.

Dans les décennies qui suivirent la Deuxième Guerre mondiale sont apparus les radiotélescopes puis les détecteurs d'infrarouge, d'ultraviolet, de rayons gamma et de rayons X dont la sensibilité n'a cessé de croître ; ils ont pris le relais des instruments optiques dont dépendaient jusque-là toutes les découvertes. Les astronomes s'aperçurent alors, grâce à ces outils de plus en plus perfectionnés, que les prétendus vides interstellaires étaient au contraire pleins de matière.

La Voie lactée contient sous forme de nuages de gaz et de poussières une masse atteignant près de 10 % de l'ensemble de ses étoiles. La densité de cette matière interstellaire est pourtant si faible que le vide le plus parfait réalisable en laboratoire est comparativement aussi encombré et rempli d'énergie qu'une ruche en pleine activité *(page 16)*.

UN GOSSE PASSIONNÉ DE LUNETTES

Le premier astronome qui mit en évidence la matière interstellaire fut Edward Emerson Barnard, mais il avait un tel respect pour Herschel qu'il refusa jusqu'à la fin de sa vie de reconnaître que celui-ci s'était trompé. Né en 1857, trente-cinq ans après la mort de Herschel, il avait de nombreux points communs avec son illustre prédécesseur. Comme lui, il débuta en amateur et puisa ses connaissances dans des livres de vulgarisation : c'est ainsi que Herschel s'intéressa aux découvertes de Newton avant que Barnard, à son tour, s'intéresse à celles de Herschel... Les deux hommes possédaient aussi un singulier génie de l'observation et de l'interprétation des images. Un des contemporains de Barnard ne qualifiait-il pas ce dernier d'« œil le plus fin ayant jamais utilisé une lunette — à l'exception, peut-être, de William Herschel ».

Barnard, dont le père mourut avant sa naissance, grandit dans la pauvreté, à Nashville, dans le Tennessee, où il fut élevé par une mère infirme. Le gamin reçut à peine deux mois de formation avant de travailler, à neuf ans, dans un atelier photographique — la Van Stavoren's Photographic Gallery. Pour obtenir l'éclairage intense que nécessitait la faible sensibilité des papiers de l'époque, l'atelier utilisait un agrandisseur de dimensions imposantes orienté vers le Soleil, un peu à la manière d'un télescope. N'ayant pas de mouvement d'horlogerie pour conserver le pointage de l'instrument vers le Soleil pendant l'impression du négatif, Van Stavoren employait

LE «VIDE» INTERSIDÉRAL

On sait obtenir sur terre des vides d'un milliardième d'atmosphère qui ne sont qu'un pâle reflet du vide interstellaire. L'espace cosmique est habité par une population raréfiée d'atomes de gaz, de molécules mesurant un dix-millionième de tête d'épingle et de poussières quelque cent fois plus grosses, dont la densité est mille milliards de fois plus faible que celle du meilleur vide obtenu en laboratoire. Un centimètre cube de cet espace contient à peine une molécule ou un atome. La poussière y est encore plus rare: un grain dans le volume d'un stade de football couvert.

Mais l'espace est si vaste que cette matière, si dispersée soit-elle, affecte la vision des astronomes lorsqu'elle s'accumule sur des épaisseurs considérables, au point de masquer les étoiles. Un tube d'un centimètre carré de section reliant le Soleil à Proxima du Centaure, l'étoile la plus proche, située à environ quatre années-lumière, contient déjà un million de poussières et un milliard de milliard d'atomes de gaz. Sur des distances atteignant des milliers d'années-lumière, la matière interposée sur la ligne de visée d'un astronome crée des taches sombres que l'on prenait autrefois pour des «trous dans le fond du ciel». Répandue sur les 100 000 années-lumière du diamètre de la Voie lactée, cette matière représente près de 10 % de la masse de la Galaxie. C'est dans cet océan que se forment de nouvelles étoiles et se disperse la matière de celles qui meurent.

les gosses du voisinage pour tourner les manivelles. Barnard excellait à la tâche, ce qui lui valut une promotion.

Les quatre années passées à guider l'agrandisseur avaient éveillé son intérêt pour les lentilles, ainsi que son envie de posséder une lunette et d'observer le ciel «de plus près». Ses désirs furent comblés par J. W. Braid, un constructeur d'instruments optiques nouvellement embauché à l'atelier. Celui-ci aida Barnard à rassembler les éléments de son premier instrument. «Il était ravi, écrira-t-il plus tard, au point que rien au monde ne lui donnait plus de joie que cette modeste lunette.» Cet enthousiasme ainsi que ses connaissances toutes fraîches en photographie allaient révolutionner l'astronomie. Barnard, jusqu'alors, n'avait connu aucun astronome ni ouvert aucun ouvrage spécialisé. C'est à ce moment que la chance vint à sa rencontre.

Barnard était âgé de dix-huit ans lorsqu'une de ses connaissances franchit un jour le seuil de l'atelier, en quête de quelque argent. Il avait souvent dépanné ce solliciteur sans être jamais remboursé. Cette fois, pourtant, l'emprunteur apportait un livre en gage: *The Sideral Heavens,* de Thomas Dick, un ecclésiastique écossais qui consacrait ses loisirs à l'astronomie. En une heure, comme l'écrivit plus tard Barnard, il avait appris le nom de ses plus fidèles compagnons dans le ciel. Dick s'inspirait largement de Herschel et Barnard fut fasciné par la description des brillantes nébuleuses et des zones sombres — les fameux «trous dans le ciel» qui, selon Herschel, s'étaient formés lors du processus de concentration des étoiles.

C'est à cette époque que Barnard décida de consacrer sa vie à l'interprétation rationnelle de ce qu'on observe dans le ciel. Cette recherche le poussa à acquérir des instruments plus puissants. En 1876, dans sa dix-neuvième année, il acheta une lunette de 125 mm d'ouverture pour 400 $, soit les deux tiers de son salaire annuel, dont il se servit pendant de nombreuses années. En 1877, après avoir assisté à une réunion de l'American Association for the

Advancement of Science (Association américaine pour le progrès des sciences) qui se tenait à Nashville, il s'engagea dans la chasse aux comètes, pratiquée avec acharnement par les observateurs de l'époque. Le 12 mai 1881, il tenait sa première prise, mais ce succès tourna court. Barnard avait détecté une comète de très faible luminosité au voisinage de l'étoile Alpha Pegasi qu'il observa la nuit suivante mais ne retrouva plus ensuite. Personne d'autre que lui ne l'ayant vue, on ne lui accorda pas le bénéfice de cette découverte car, selon les règles internationales, confirmation aurait due en être donnée par un autre observateur. De plus, Barnard ne savait pas, à cette époque, faire un relevé précis du mouvement d'une comète. Loin de se décourager, il améliora ses méthodes et découvrit sept comètes dans les six années qui suivirent. Dûment identifiées, elles furent portées à son crédit. Ses progrès lui valurent en 1883 le poste d'astronome assistant à l'université Vanderbilt, où il put disposer d'une lunette de 150 mm. Il occupa cette place pendant quatre ans, au cours desquels il suivit plusieurs cours scientifiques et acquit une certaine expérience. C'est en 1887 qu'il fut invité à travailler à l'observatoire Lick, au mont Hamilton, dans le nord de la Californie.

Ce poste fut pour lui une véritable frustration: l'observatoire était équipé d'une toute nouvelle lunette de 91 cm d'ouverture qu'il ne put utiliser pendant quatre ans: le directeur de Lick, Edward S. Holden, se réservait l'usage de l'instrument, qu'il ne partageait qu'avec ses premiers assistants.

Tout en trompant son attente avec un instrument plus modeste, Barnard mit à profit ses connaissances et fut le premier à utiliser la photographie de façon intensive en recherche astronomique. L'avantage que présente une émulsion sensible est d'accumuler la lumière qui l'impressionne, ce qui permet à un astronome patient de déceler des étoiles de très faible luminosité ainsi que des traces de nébuleuses qu'on ne peut remarquer par l'observation visuelle directe. Barnard décrivait très poétiquement ses premières photos: il disait par exemple que les Pléiades «baignaient dans une chevelure aux volutes vaporeuses dont les mèches brillantes étaient d'une finesse insaisissable pour l'œil, fût-il aidé du meilleur des instruments».

Entre ces mèches lumineuses, Barnard observait aussi des régions sombres. Une photographie de la région nébuleuse entourant l'étoile Thêta, dans la constellation d'Ophiuchus, lui faisait dire que «ces taches sombres, quasi noires qu'on y observe sont des sortes de trous où la matière est raréfiée, voire absente». Ce qu'avait dit Herschel ne cessait de l'intriguer, comme d'ailleurs la plupart des astronomes de son temps.

Parmi les réfractaires à cette idée se trouvait Arthur Cowper Ranyard, secrétaire de la British Royal Astronomical Society, éditeur du magazine populaire *Knowledge* (Connaissance), dans lequel Barnard commenta la photo de Thêta Ophiuchi prise en 1894. Observateur reconnu par ses pairs, Ranyard remarquait dans l'éditorial précédant l'article de Barnard que ces taches sombres ne pouvaient être des trous que s'il s'agissait de tunnels traversant la nébuleuse, dont les axes seraient orientés vers la Terre. «La faible probabilité d'existence d'une telle configuration m'incite à penser, disait

Ranyard, qu'il s'agit de flots de matière absorbante plutôt que de régions vides ou de trous au sein de la nébuleuse.» Pour Ranyard, il s'agissait d'obstacles empêchant la lumière de parvenir jusqu'à nous. Il avait raison, bien sûr, mais personne ne s'intéressa alors à cette hypothèse, et Barnard lui-même n'en reconnut le bien-fondé que de nombreuses années plus tard.

C'est en 1892 que Barnard put enfin avoir accès à la lunette de 91 cm, ce qui lui permit de découvrir en l'espace de deux mois le cinquième satellite de Jupiter dont l'orbite est si proche de la planète qu'il est quasiment noyé dans sa lumière. Nommé plus tard Amalthée, du nom de la chèvre qui allaita Zeus, ce satellite faisait directement suite à ceux qu'avait découverts Galilée en 1609, ce qui porta aux nues la réputation de l'observatoire Lick ainsi que celle de Barnard. Il travailla encore à Lick pendant deux années, en mésentente avec Holden, car il ne lui pardonna jamais d'en avoir monopolisé la lunette. Lorsqu'il fut invité en 1894 par l'observatoire Yerkes, de l'université de Chicago, situé à Williams Bay, dans le Wisconsin, il n'hésita pas une seconde. C'est là qu'il effectuera ses plus importants travaux.

UN «CIEL VOILÉ»

On construisait à Yerkes une lunette astronomique dont l'objectif, de 102 cm de diamètre, allait être le plus grand du monde. Pendant ce temps, Barnard traquait ses taches sombres avec tous les instruments dont il pouvait disposer. Plus il explorait le voisinage de Thêta Ophiuchi et plus le concept de matière obscure lui paraissait plausible. «Bien qu'il y ait peu d'étoiles dans ce secteur, on dirait que la zone est voilée par un léger nuage de poussière», écrivait-il en 1897. Deux ans plus tard, il déclarait que ces régions «étaient emplies d'un milieu obscur, lui-même troué en certains endroits». Il supposait même que, dans la constellation du Scorpion, des tourbillons de cette nébulosité s'étaient épaissis au point d'en masquer les étoiles les plus faibles.

Barnard n'était pas le seul à travailler sur ce sujet. L'astronome allemand Maximilian Wolf, célèbre chasseur d'astéroïdes qui exploitait depuis 1891 les traces laissées par ces objets sur des plaques photographiques et obtenues en longue pose, s'intéressait à la question. Après avoir ainsi découvert deux cent vingt-huit astéroïdes, il porta son attention, vers 1904, sur une région sombre de la constellation du Cygne, en se demandant s'il ne s'agissait pas d'une «masse obscure accompagnant la nébuleuse et absorbant la lumière des étoiles les plus faibles». Dans les sept années qui suivirent, Wolf photographia des régions entières du ciel, à l'observatoire Baden, à Heidelberg, et classa patiemment les étoiles par magnitudes, suivant leur luminosité. En comparant le nombre d'étoiles de chaque magnitude dans les différentes régions, le déficit en étoiles faibles dans les zones obscures lui parut évident, comme si un rideau s'interposait entre lui et les étoiles. Très intrigué par cette découverte, il devait continuer ses investigations durant près de vingt ans.

Tandis que Barnard photographiait les nébuleuses brillantes et obscures à Yerkes et que Wolf comptait les étoiles à Heidelberg, d'autres astronomes utilisaient la spectroscopie pour en savoir plus. Cinquante ans plus tôt, on avait découvert qu'un pinceau de lumière solaire ou stellaire passant à travers un prisme se décompose en différentes couleurs et donne un spectre parsemé de fines raies sombres. La lumière issue d'une étoile était donc atténuée à certaines longueurs d'onde. Comme on avait aussi remarqué qu'un élément chimique porté à l'incandescence présente un spectre d'émission caractéristique, comportant de nombreuses raies brillantes, on en avait déduit que les raies d'absorption du spectre des étoiles correspondaient «en négatif» aux raies d'émission des corps composant leur enveloppe. Le calcium, par exemple, rayonne ou absorbe de l'énergie aux longueurs d'onde de 3 968 et 3 933 angströms, respectivement appelées raies H et K. Le sodium possède un doublet caractéristique aux longueurs d'onde 5 896 et 5 890 angströms, qui sont collectivement appelées raies D. (L'angström, unité de longueur utilisée en microphysique, vaut un dix-millième de micron, soit un dix-millionième de millimètre.)

Edward Emerson Barnard, originaire du Tennessee, fit cet autoportrait au pied de la lunette de 91 cm de l'observatoire Lick, peu de temps après sa découverte du cinquième satellite de Jupiter. Barnard fut le premier à utiliser la photographie à long temps de pose pour étudier les régions obscures de la Voie lactée, dont il obtint des images d'une richesse et d'une qualité sans précédent *(pages 20-21)*.

En comparant le spectre d'absorption d'une étoile à divers spectres d'émission obtenus en laboratoire, on peut donc déterminer la composition chimique de l'étoile.

On découvrit ensuite que ces raies spectrales se décalent vers l'une ou l'autre des extrémités du spectre selon que l'étoile se rapproche ou s'éloigne de la Terre, phénomène connu sous le nom d'effet Doppler. Le spectre lumineux d'une source qui s'approche est décalé vers le bleu, subissant ainsi une compression vers les fréquences élevées. Celui d'une source qui s'éloigne glisse au contraire vers le rouge, aux fréquences plus basses, donc vers les plus grandes longueurs d'onde.

Wolf comptait ses premières étoiles au moment où Johannes Hartmann, astronome et constructeur d'instruments à l'observatoire astrophysique de Potsdam, en Allemagne, découvrait les étranges particularités des raies d'absorption du calcium dans le spectre de l'étoile double Delta Orionis, dans la constellation d'Orion. Hartmann savait qu'un système binaire présente périodiquement des décalages Doppler résultant de mouvements orbitaux complexes. Pourtant, comme il l'écrivait dans un article de 1904, «le doublet

du calcium y paraît atypique». À la différence des autres raies du spectre, les raies H et K du calcium étaient pâles et très fines, bien que nettes, ce qui contrastait fortement avec l'ensemble spectral de l'étoile double, dont les raies semblaient plutôt empâtées. De plus, comme le disait Hartmann, «le doublet du calcium ne subit pas les décalages Doppler qui résultent du mouvement relatif des deux compagnons».

Ce doublet provenait donc d'une région extérieure à l'étoile double; comme, de plus, il n'apparaissait pas sur tous les spectres stellaires, il ne pouvait être attribué à l'absorption de l'atmosphère terrestre. La conclusion devenait évidente: «En un point situé sur la ligne de visée qui relie la Terre à Delta Orionis, il existe un nuage dont le calcium provoque l'absorption spectrale observée.» Hartmann avait remarqué trois ans auparavant un phénomène similaire dans le spectre de la nova de la constellation de Persée qu'il disait être affectée par un «processus de tempête». Celui-ci présentait des raies stationnaires non seulement dans les longueurs d'onde du calcium, mais aussi dans celles du sodium.

Ces trois clichés de l'*Atlas photographique de la Voie lactée* publié par Barnard en 1927 mettent en évidence les nuages qui occupent les prétendus vides célestes. «Il ne s'agit pas d'échancrures à travers lesquelles nous observerions l'espace au-delà de la Voie lactée», disait Barnard à propos de la région de Thêta Ophiuchi *(ci-dessus, à gauche)*. Il voyait dans la constellation du Taureau *(au centre)* et autour de Rhô Ophiuchi *(à droite)* les «preuves de l'existence de matière sombre».

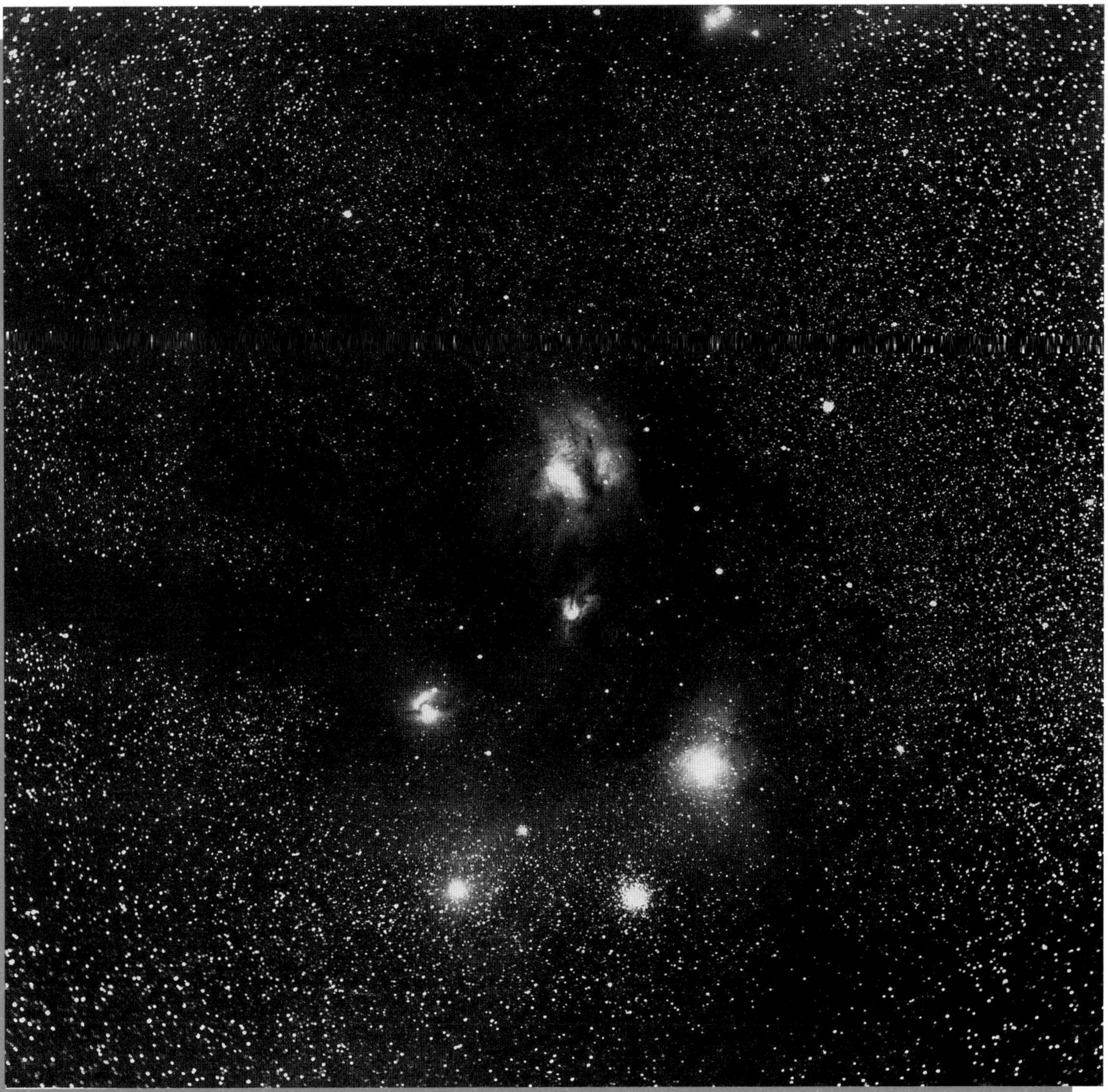

Les échanges scientifiques étant peu nombreux à cette époque, les observations de Hartmann sombrèrent dans l'oubli... Barnard ignora les travaux de Hartmann, tout comme Jacobus Cornelis Kapteyn, astronome hollandais de grande réputation, qui supposait, en 1908, l'existence de vastes étendues de gaz interstellaire, détectables selon lui grâce à leurs raies stationnaires puisque «non affectées par les vitesses radiales propres au mouvement des étoiles dont elles occupent le spectre».

UN INTÉRÊT GRANDISSANT

Les propos de Kapteyn furent les premiers à susciter l'intérêt. L'année suivante, Edwin Frost, un Américain qui avait fait ses premières armes quelque vingt ans auparavant à l'université de Potsdam et dont la spectroscopie stellaire était devenue la spécialité, fit de l'hypothèse de Kapteyn son sujet de recherche. Il travaillait alors à l'observatoire Yerkes, dont il fut directeur de 1905 à 1932. Il connaissait donc bien Barnard, mais il semble, ce qui paraît incroyable, n'avoir jamais discuté de matière interstellaire avec son aîné.

C'est sans doute parce qu'il séjourna à Potsdam que Frost fut au courant des travaux de Hartmann. Comme lui, c'était un habile constructeur d'instruments qui avait un solide sens scientifique. Il conçut le spectroscope utilisé sur la lunette de 102 cm qui servait à mesurer les vitesses radiales des étoiles, c'est-à-dire la composante de leur vitesse propre suivant la ligne de visée. Frost et son équipe mesurèrent ainsi les vitesses radiales de plus de quatre cents étoiles, à raison de dix par an en moyenne. En avril 1909, Frost publia un résultat intéressant. Deux ans plus tôt, disait-il, il avait réexaminé tous les spectrogrammes obtenus à Yerkes qui présentaient des raies du calcium semblables à celles qu'avait décrites Hartmann. À sa grande surprise, il relata vingt-cinq cas dont la moitié environ concernait des étoiles binaires. Les raies du calcium y paraissaient très stables sur un fond spectral perturbé par les mouvements orbitaux des couples stellaires.

Les observations de Vesto M. Slipher, de l'observatoire Lowell, à Flagstaff, en Arizona, confirmaient ce phénomène, à la fin de la même année, dans les constellations du Scorpion, de Persée et d'Orion, où apparaissaient les raies fines et stables du calcium. Il écrivait dans le *Bulletin du Lowell Observatory* de décembre que «l'on observe les raies du calcium dans trois régions du ciel très éloignées les unes des autres; leur stabilité n'étant aucunement affectée par les mouvements propres des étoiles dont on relève le spectre, le calcium détecté se situe dans l'espace intersidéral», suivant en cela Hartmann. Il tempérait cependant son jugement en déclarant: «Pour l'heure, il est impossible de dire s'il s'agit de voiles étendus couvrant de larges zones du ciel ou si les étoiles observées possèdent chacune un halo dont le caractère absorbant est principalement dû à l'élément calcium.»

Slipher penchait nettement pour la première interprétation: «un nuage relativement étendu couvrant certaines portions du ciel», identifiant ainsi les

LES PREUVES SPECTRALES

Au début du siècle, les astronomes firent une série de découvertes en étudiant en détail les spectres stellaires. Johannes Hartmann observa dans le spectre d'une étoile double des raies du calcium dont la position restait fixe, alors que le reste était alternativement décalé vers le rouge puis vers le bleu par l'effet Doppler résultant du mouvement orbital du couple. Il conclut à la présence de nuages de calcium sur le trajet de la lumière en provenance de l'étoile. D'autres scientifiques étendirent leurs recherches à l'ensemble de la Voie lactée où les raies d'absorption stationnaires observées prouvèrent de façon irréfutable qu'un gaz diffus remplissait l'espace galactique jusqu'alors supposé vide.

1904 Hartmann relève des raies d'absorption dans le spectre de Delta Orionis et conclut à la présence d'un nuage de calcium entre la Terre et l'étoile double.

1909 Edwin Frost passe en revue tous les spectres obtenus à Yerkes et découvre des raies fixes du calcium dans ceux de vingt-cinq étoiles.

raies du calcium aux «raies stationnaires» de Kapteyn. Ce concept lui paraissait cependant bien audacieux. «Comment imaginer la présence de vapeur de calcium dans l'espace intersidéral, ce qui semble totalement incompatible avec nos connaissances actuelles en physique et en chimie?» Il gardait cependant la porte ouverte en ajoutant: «Pour autant que nous considérions ces connaissances comme complètes...»

Slipher ajouta en 1912 une autre pièce au puzzle de la matière interstellaire, qui n'avait rien à voir avec les raies du calcium. Alors qu'il étudiait une tache laiteuse dans la constellation des Pléiades, il s'aperçut que son spectre était la réplique de celui d'une étoile proche. Comme il est très improbable que deux objets distincts possèdent le même spectre, Slipher en déduisit que la nébuleuse reflétait tout simplement la lumière de l'étoile. De plus, comme aucune raie supplémentaire n'indiquait la présence d'un autre gaz, la nébuleuse ne pouvait être faite que de poussières ou, comme disait Slipher, «de matière pulvérulente». Cette interprétation resta sans écho à l'époque. (Les astronomes classèrent plus tard ces objets brillants dans le type des nébuleuses diffusantes.)

DES «TACHES» D'UN NOIR D'ENCRE

Il était désormais facile d'expliquer les zones obscures dans le ciel. Un an après la découverte par Slipher d'une nébuleuse diffusante, Barnard fit par hasard une observation qui s'avéra fructueuse. «J'étais intrigué par la présence d'un ensemble de petits nuages en forme de cumulus éparpillés autour des amas d'étoiles du Sagittaire, écrivit-il plus tard. Leur aspect ramassé ainsi que la netteté de leurs contours étaient remarquables, certains n'étant guère plus gros que la Lune.» Notant que ces nuages ressemblaient à des

1909 Vesto Slipher met en évidence la matière interstellaire dans trois spectres et pense qu'elle n'a aucun lien avec les étoiles concernées.

1923 John S. Plaskett étudie les raies du calcium et du sodium dans le spectre de quarante étoiles et démontre l'abondance du gaz interstellaire.

1928 Otto Struve publie le relevé des raies du calcium d'une centaine de spectres, preuve d'une répartition homogène de la matière cosmique dans la Galaxie.

DÉCRYPTAGE DU CODE SPECTRAL

Tout notre savoir sur les étoiles et le milieu intersidéral repose sur l'analyse minutieuse des spectres stellaires — la décomposition de leur lumière en différentes longueurs d'onde, obtenue au moyen d'un prisme ou d'un «réseau» de fentes très fines et parallèles — qui font apparaître, selon les cas, des raies sombres ou brillantes. Le spectre d'une étoile révèle non seulement sa température, sa densité et sa vitesse, mais, plus important encore, sa composition chimique.

Les corps simples et les molécules ont une signature spectrale caractéristique dont le décryptage repose sur la modélisation quantique de l'atome. Les électrons tournent autour du noyau, et leurs orbites décrivent des surfaces sphériques superposées, appelées «couches» électroniques, dont les niveaux d'énergie vont en

Spectre d'émission. On voit ci-contre un atome d'hydrogène dont l'électron passe du deuxième au sixième niveau d'énergie, à la suite d'une collision avec un autre atome ou sous l'effet du rayonnement stellaire. Lorsque l'électron retourne à son niveau originel *(au centre),* il restitue cette énergie sous forme de lumière violette. Si cette transition était la seule à se produire, il en résulterait une intense raie spectrale d'émission dans le violet, à la longueur d'onde de 4 102 angströms *(à droite).*

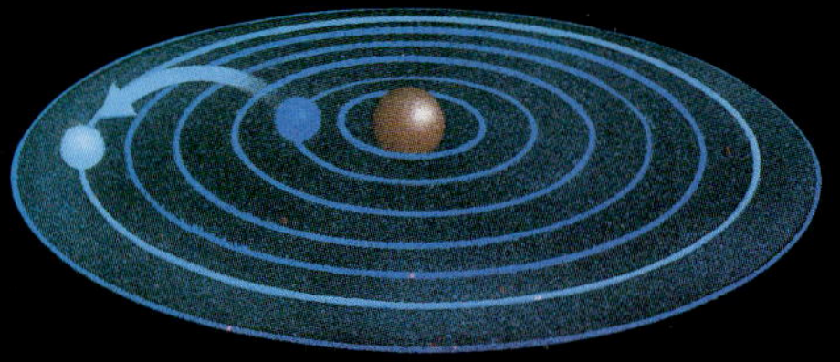

Spectre continu. Dans un environnement dense et chaud comme le cœur d'une étoile, les électrons de l'ensemble des atomes effectuent toutes les transitions possibles *(ci-contre),* allant jusqu'à l'ionisation (perte d'électrons). Le spectre qui en résulte, au lieu de comporter d'innombrables raies extrêmement fines, montre dans ce cas des raies très élargies du fait de la dispersion qui affecte les niveaux d'énergie, d'ordinaire bien définis dans un milieu de température et de densité moins élevées. Le chevauchement des raies d'émission produit alors un spectre continu *(à droite).*

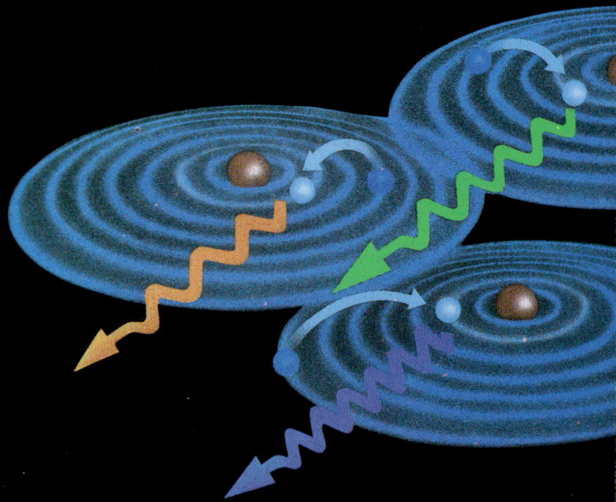

Spectre d'absorption. Ci-contre, un atome d'hydrogène absorbe un photon de lumière violette provenant d'une étoile, ce qui fait passer son électron du niveau deux au niveau six. Lorsqu'une population importante d'atomes subit la même transition, le spectre du rayonnement qui la traverse montre une raie sombre *(à droite)* caractéristique de l'absorption à 4 102 angströms de la lumière violette. Les atomes et les molécules qui composent l'atmosphère stellaire produisent des spectres très riches en raies d'absorption.

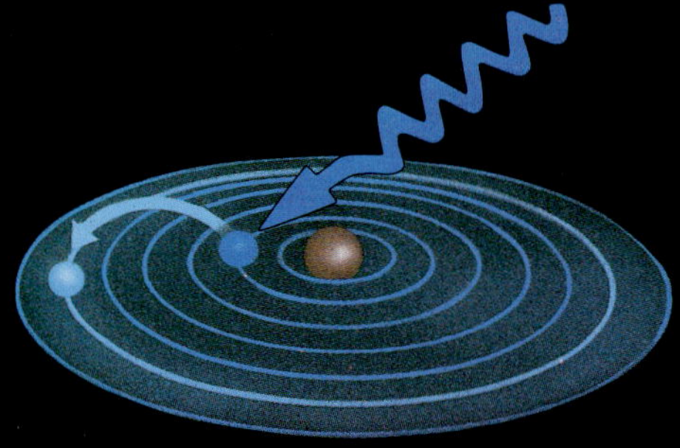

croissant. Lorsque, sous l'effet d'une excitation, un électron saute d'une couche à l'autre, il change de niveau énergétique: suivant qu'il gagne ou perd de l'énergie, il absorbe ou émet un photon dont l'énergie est égale à la différence des niveaux franchis. Comme la configuration des couches électroniques d'un élément donné est unique, l'énergie émise ou absorbée lors des transitions de niveau de ses électrons — donc la longueur d'onde des photons émis ou absorbés — caractérise cet élément.

Les trois types de spectres fondamentaux décrits ci-dessous sont obtenus à partir de l'hydrogène. Composant essentiel de la plupart des étoiles, l'hydrogène émet ou absorbe des photons aux longueurs d'onde de la lumière, comprises entre 3 900 et 7 500 angströms (un angström vaut un dix-millième de micron). Ces transitions produisent en laboratoire des raies d'émission ou d'absorption de positions définies. Dans le spectre d'une étoile, les écarts relevés par rapport à ces positions révèlent son mouvement propre *(page 26).*

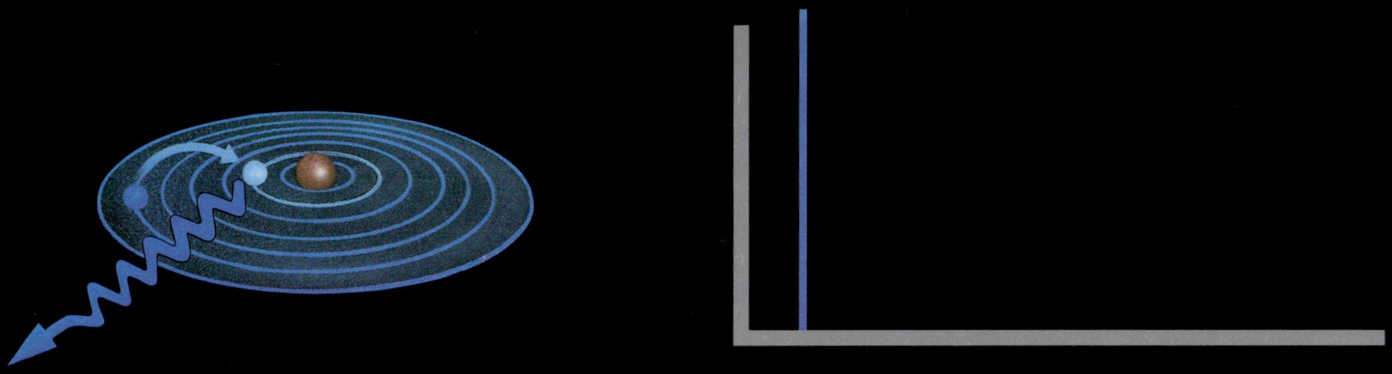

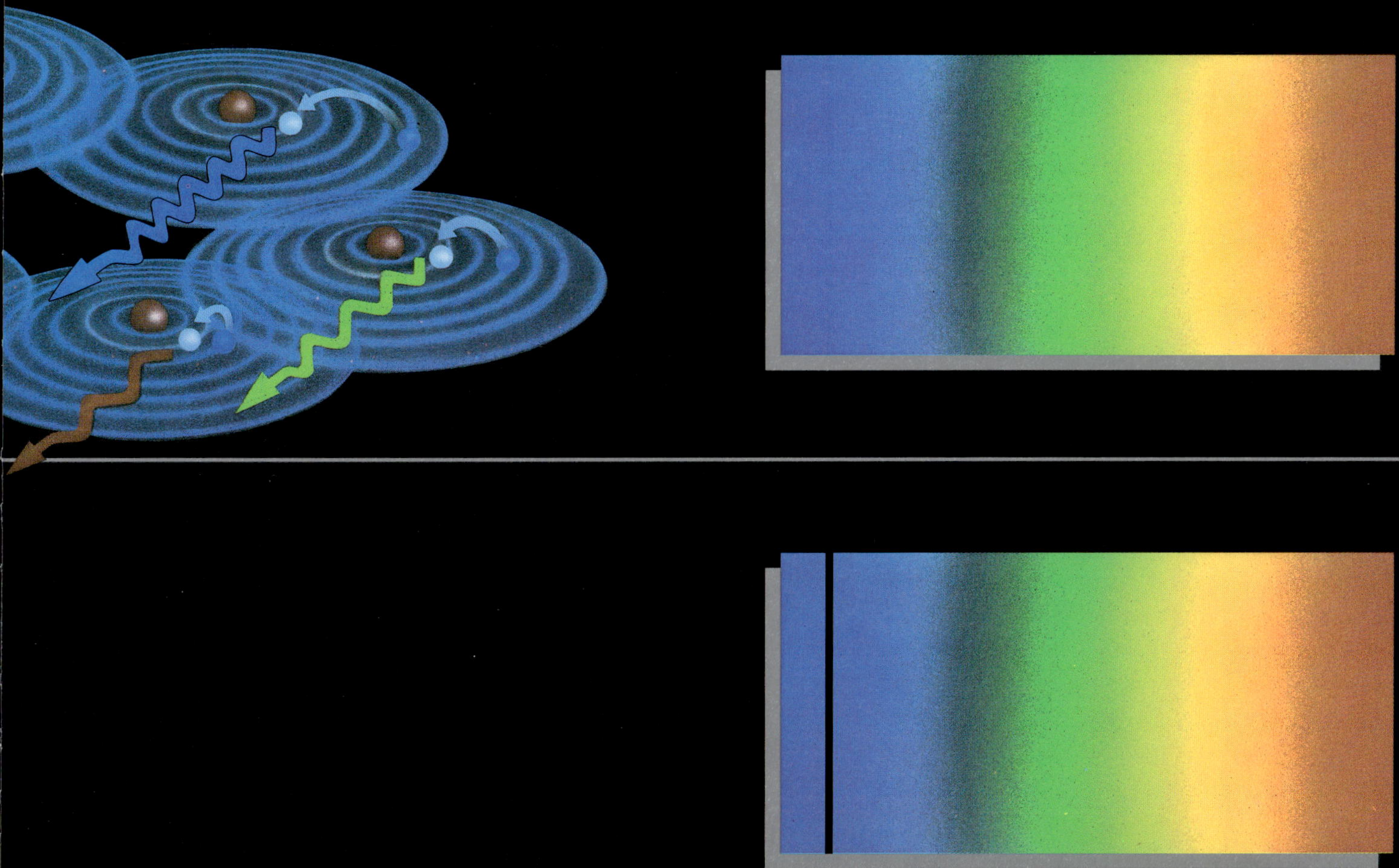

Le message des raies stationnaires

Les astronomes ont mis en évidence les gaz interstellaires en observant que certaines raies d'absorption du spectre des étoiles doubles n'avaient pas les mêmes caractéristiques que les autres. La comparaison des spectres d'une même étoile double pris à deux dates différentes révèle ce phénomène *(ci-dessus)*. Une raie *(flèche blanche)*, étroite et nette, se remarque dans le spectre dont l'ensemble paraît plus flou. De plus, cette raie fine conserve la même position sur les deux spectres, alors que le autres sont affectées par l'effet Doppler dû au mouvement orbital de l'étoile double. On en déduit que la matière à l'origine de cette raie stationnaire est extérieure à l'étoile observée.

«taches d'encre projetées sur le fond étoilé du ciel», Barnard ajoutait qu'ils avaient «l'aspect même des taches noires qui apparaissent sur les photos de la Voie lactée» qu'il était en train d'étudier. Barnard enchaînait: «On ne peut s'empêcher de penser que nombre de ces taches résultent de l'interposition de matière plus ou moins opaque entre la Terre et la Voie lactée.»

En 1913, Barnard publia ses *Photographies de la Voie lactée et des comètes,* où l'on voyait pour la première fois la nébuleuse de la Tête de Cheval, nuage obscur dans la constellation d'Orion, dont la silhouette ressemble à la tête et à l'encolure d'un cheval *(page 28)*. Dans la description de ses photos, Barnard disait que «pas un instant on ne douterait qu'un objet matériel — constitué apparemment de poussières mais légèrement plus lumineux que le fond du ciel — occupe la zone observée. Il s'agit donc bien de matière d'opacité variable et non pas d'un manque localisé d'étoiles.» La composition de cet objet ainsi que son origine demeuraient toutefois mystérieuses.

Barnard publiait six ans plus tard, dans le numéro de janvier 1919 de l'*Astrophysical Journal,* un catalogue de 182 nébuleuses obscures. Il tentait d'y justifier ses observations vis-à-vis des théories de Herschel. Ce texte est exemplaire dans sa volonté de conciliation; il commence par un avertissement se réclamant de Herschel: «Il serait imprudent de dire que la totalité des zones sombres sur ces photographies trahissent la présence de matière obscure. Il s'agit pourtant de la seule interprétation possible pour un grand nombre d'entre elles, les autres étant sûrement vides d'étoiles.»

Un peu plus tard, faisant pour la première fois référence aux conjectures d'Arthur Ranyard — qui avait déclaré vingt-cinq ans plus tôt que les espaces vides de Barnard étaient remplis de matière obscure — Barnard citait avec prudence ses propres travaux pour affirmer l'existence de «matière obscure plus proche de nous que des étoiles observées», ajoutant que «les preuves sont suffisantes pour en avoir désormais la certitude».

Mais un homme à moitié convaincu ne peut déclencher une révolution. Sa conversion complète allait demander du temps. En 1923 — tandis que Barnard «naviguait tranquillement parmi les étoiles», aux dires imagés d'un de ses amis — un spectroscopiste canadien reprenait la piste du calcium délaissée depuis quatorze ans, après qu'Edwin Frost et Vesto Slipher eurent travaillé sur les spectres stellaires, dont ceux des étoiles doubles.

John Stanley Plaskett, directeur du Dominion Astrophysical Observatory de Victoria, en Colombie britannique, étudiait les spectres de quarante étoiles de catégories différentes réparties dans le ciel. Il nota que les décalages Doppler (donc les vitesses radiales correspondantes) des raies H et K du calcium comme les raies D du sodium n'avaient rien à voir avec ceux des raies présentes dans le spectre des étoiles concernées. Par exemple, six étoiles proches de la constellation de Persée se rapprochent de nous à la vitesse de 50 km/s alors que les raies du sodium et du calcium ne révèlent qu'une vitesse radiale de 20 km/s. Comme Frost l'avait déjà observé, le phénomène affectant les couples binaires touchait aussi les étoiles solitaires pourvues d'une vitesse radiale. De plus, lorsqu'on retranchait le mouvement propre du Soleil dans l'espace au calcul des radiales, la correction ainsi portée annulait la vitesse mesurée sur les raies du calcium et du sodium.

Les raies d'absorption du sodium et du calcium, déclara plus tard Plaskett, résultent donc d'un «processus indépendant de celui qui engendre l'ensemble des divers types de spectres d'absorption des étoiles observées». Plaskett émit l'hypothèse d'un gaz interstellaire largement répandu dans l'espace, dont l'élément calcium était ionisé par le déplacement rapide des étoiles, ce qui provoquait l'apparition de ses raies d'absorption. (Comme il apparut plus tard, Plaskett avait mis le doigt sur l'existence du gaz interstellaire, mais se trompait sur la façon dont il était ionisé.)

PREMIÈRE VUE D'ENSEMBLE

En trois décennies, Barnard, Wolf, Hartmann, Frost, Slipher et Plaskett avaient démontré l'existence de la matière intersidérale, mais sans en identifier la composition. Une nouvelle génération d'astronomes allait faire de cette matière interstellaire le sujet de la plus passionnante des recherches en astrophysique, et tout d'abord le grand physicien anglais Arthur Stanley Eddington, dont la carrière atteignit son apogée vers 1925.

Peu après avoir obtenu son diplôme à Cambridge en 1905, Eddington avait été nommé au poste prestigieux de maître-assistant au Royal Observatory. Huit ans plus tard, à trente et un ans, il revint à Cambridge pour y être professeur d'astronomie et directeur de l'observatoire universitaire. C'est à ce titre qu'il dirigea une mission en Afrique lors de l'éclipse solaire de 1919 dont

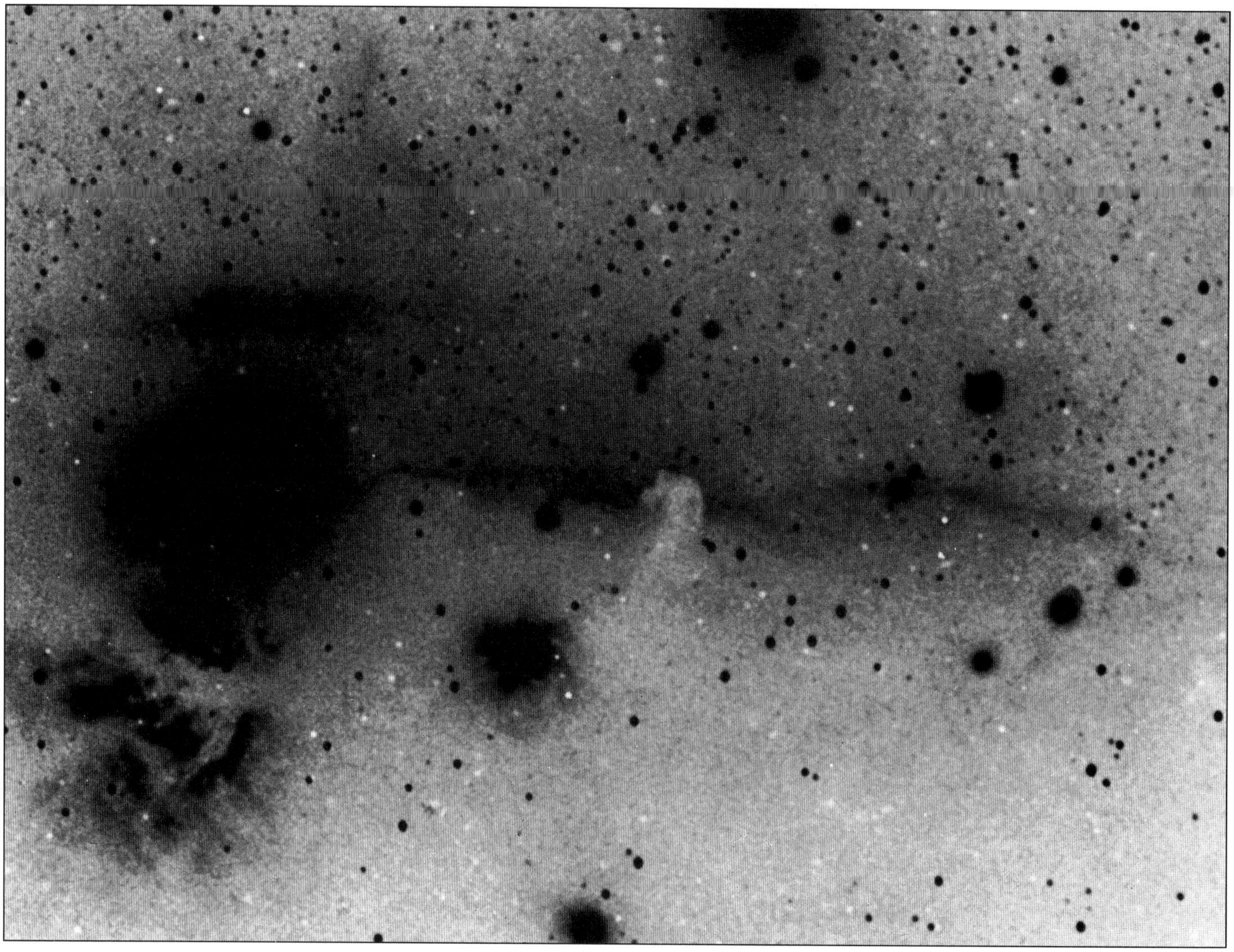

l'un des objectifs fut de vérifier les prédictions d'Einstein sur la courbure par gravité des rayons lumineux (tels ceux d'une étoile) passant au voisinage d'un corps massif (tel que le Soleil).

Étant un des premiers à vérifier les implications de la théorie de la relativité d'Einstein et le premier à les expliquer en langue anglaise, Eddington introduisit dans son pays les nouvelles idées qui révolutionnaient le monde de la physique. Sa conférence annuelle à la Royal Society de Londres, qui portait en 1926 sur «la matière interstellaire diffuse», eut un grand retentissement. L'idée de matière diffuse préoccupait Eddington pour plusieurs raisons. Si la lumière était absorbée lors de son trajet dans l'espace, cela imposait la révision de nombreuses notions astronomiques comme, par exemple, la distance des objets célestes que l'on calculait sans tenir compte d'un tel affaiblissement. Eddington voyait aussi dans cette matière un des moteurs de l'évolution stellaire. Il pensait — à tort, comme il le dira plus tard — que les étoiles perdaient en se consumant une grande partie de leur

Située dans le Baudrier d'Orion, la nébuleuse de la Tête de Cheval dresse son encolure *(ci-dessus, au centre)* dans l'une des premières photographies prises pour mettre en évidence ce nuage sombre. C'est en 1913, à l'observatoire Yerkes, que Barnard identifia la nébuleuse, dont il publia ce tirage négatif afin d'en faire ressortir tous les détails.

masse. Elles devaient donc capter des matériaux d'appoint pour prolonger leur vie. La matière interstellaire pourvoyait à ce besoin.

Lors de son exposé à la Royal Society, Eddington présenta la matière interstellaire d'une façon qui aurait probablement choqué Barnard. D'emblée, il écarta le modèle herschelien que Barnard avait tenté pendant toute sa vie de soutenir et de concilier avec ses travaux: les astronomes doivent présumer «l'existence d'une matière interstellaire, sauf preuve flagrante de son absence», dit-il. Mentionnant les nombreuses observations de raies spectrales stationnaires du calcium et du sodium, il déclara que l'espace était certainement rempli de nuages de gaz diffus dont il fallait évaluer la densité. En se fondant à nouveau sur les raies du sodium et du calcium, il l'estima à dix atomes d'hydrogène par centimètre cube, ce qui représentait «quatre à cinq fois la masse des étoiles observables». Ces révélations saisirent l'auditoire, accoutumé à un univers uniquement stellaire dont Eddington disait à présent que l'essentiel se trouvait hors des étoiles et était quasi invisible...

Puis Eddington dit que dans les régions situées en dehors de l'influence de toute étoile, la température de cette matière était de l'ordre de 10 000 kelvins — valeur qui se révéla fausse par la suite, sauf justement au voisinage immédiat d'une étoile. Pour expliquer une telle valeur, Eddington faisait appel à plusieurs mécanismes plausibles. Il considérait par exemple que le rayonnement ultraviolet des étoiles était susceptible d'échauffer suffisamment le gaz interstellaire pour arracher à l'atome d'hydrogène son électron, le faisant ainsi passer de l'état neutre H I à l'état ionisé H II, c'est-à-dire porteur d'une charge électrique. Mais Eddington reconnut plus tard que la quasi-totalité du rayonnement ionisant des étoiles devait être absorbée avant qu'il ne puisse aller très loin, la majeure partie de l'hydrogène interstellaire restant donc à l'état neutre et froid.

Ensuite, Eddington souleva ce qu'il appelait une «grave difficulté»: comment expliquer le «pouvoir absorbant des nébuleuses obscures»? Étant donné l'atténuation subie par la lumière qui les traverse, il pensait que la matière obscure devait être faite de «fines particules solides». Il n'était d'ailleurs pas le seul. Trois ans auparavant, Max Wolf avait publié dans le cadre de ses études statistiques sur les étoiles un article intitulé *la Nébuleuse obscure NGC 6960.* Il y concluait que l'opaque nébulosité de la constellation du Cygne «ne pouvait être pour l'essentiel qu'un nuage de poussières», pour deux raisons: un nuage de gaz aussi absorbant devrait avoir une densité telle que sa masse affecterait la vitesse des étoiles environnantes, ce qui n'était pas le cas; d'autre part, s'il s'agissait du phénomène de diffusion gazeuse de Rayleigh, les atomes de gaz diffuseraient la lumière dans la partie bleue du spectre lumineux, ce qui aurait pour effet de rougir celle des étoiles vues en transparence, et Wolf n'avait pas observé un tel phénomène. (Comme on le découvrit plus tard, les poussières produisent aussi un léger rougissement spectral, qu'on ne pouvait détecter avec les moyens dont on disposait dans les années 1920.)

Bien que troublé par l'idée de cette poussière interstellaire, Eddington ne voyait aucune autre explication. Lorsque l'assistance l'interrogea sur la possibilité d'absorption de la lumière par des molécules interstellaires, il écarta cette hypothèse, ne voyant pas comment des atomes aussi raréfiés pouvaient se rencontrer pour former des molécules. (Il faudra attendre encore une dizaine d'années avant qu'on ne découvre les molécules interstellaires.) N'ayant plus que les débris météoritiques à proposer comme ultime solution, il déclara qu'il n'y avait alors «aucune raison pour que le reste du ciel soit aussi transparent qu'on le croit généralement».

Le célèbre astrophysicien Arthur Stanley Eddington *(ci-dessous)* émut l'auditoire de la Royal Society, à Londres, en 1926, lorsqu'il remit en cause, au cours d'une conférence, les vides célestes postulés par Herschel. S'appuyant sur les raies spectrales stationnaires du calcium et du sodium, il affirma que des nuages de gaz sont répandus dans l'espace et qu'ils constituent le matériau essentiel de l'univers.

L'INSPIRATION COLLECTIVE

La conférence d'Eddington postulait donc l'existence de vastes nuages de gaz — sinon de poussières — remplissant l'espace interstellaire, ce qui ébranla la communauté astronomique. On étudiait à l'époque la rotation différentielle de la Voie lactée, dont les étoiles proches du centre galactique tournent plus rapidement autour de lui que les étoiles qui en sont éloignées. La connaissance de ces différences permettait en effet de déterminer la distance moyenne qui nous sépare des étoiles d'une région donnée à partir de leur vitesse radiale.

En 1928, Otto Struve, un jeune astronome américain d'origine russe, utilisa la rotation différentielle pour conforter de ses observations les théories d'Eddington. Bien que né dans une famille d'éminents astronomes, Struve avait bien failli ne pas suivre leurs traces, n'eût été l'intérêt que lui porta Edwin Frost, de l'observatoire Yerkes. Lieutenant âgé de vingt-deux ans lors de la défaite de l'armée du tsar en 1920, il avait à grand-peine rejoint la Turquie où il survivait tant bien que mal, lorsque lui parvint une lettre de Frost qui avait entendu parler de lui par une tante de Struve. Frost lui offrait un poste à Yerkes, ce qui lui assurait un nouveau départ dans la vie. Huit ans plus tard, Struve achevait une étude complète des raies stationnaires du calcium et du sodium dont il comparait l'intensité à la distance et à la vitesse de récession des objets qui les produisaient: cette intensité croissait avec la distance, ce qui indiquait clairement que le gaz absorbant était uniformément réparti dans la Voie lactée.

Vers la même époque, John Plaskett et son collègue Joseph A. Pearce travaillaient en Colombie britannique sur une étude spectrale exhaustive des étoiles chaudes et lumineuses de classes spectrales O et B et sur la localisation des objets produisant les raies stationnaires. S'aidant de la rotation différentielle de la Galaxie pour déterminer la distance

En 1930, Robert J. Trumpler *(ci-dessus)*, de l'observatoire Lick, conclut que la lumière provenant des amas d'étoiles ouverts est absorbée sur son chemin par la matière interstellaire, ce qui en affaiblit l'éclat et fausse le calcul de leur distance. À la suite de l'étude d'une centaine d'amas, dont M 67 *(en haut)*, il révisa les dimensions de la Voie lactée et fit admettre la notion d'«extinction interstellaire» de la lumière par les nuages de poussière cosmique.

des étoiles et des nuages concernés, ils découvrirent que ces derniers se trouvaient à mi-chemin environ entre la Terre et les étoiles observées. Ces conclusions, communiquées en 1930, confirmaient les conjectures d'Eddington relatives à l'omniprésence de gaz interstellaires dans la Voie lactée et détruisaient la thèse selon laquelle ces gaz ne se trouvaient qu'au voisinage immédiat des étoiles.

Restait à régler la question de la poussière interstellaire. C'est en 1930 qu'un astronome de l'observatoire Lick fit par inadvertance un test qui tint lieu de verdict. Robert J. Trumpler avait immigré aux États-Unis en 1915, venant de sa Suisse natale où il avait travaillé au Service géodésique. Il avait rejoint l'observatoire Allegheny, à Pittsburgh, où il s'intéressa aux amas d'étoiles ouverts, groupes d'étoiles jeunes qui ont tendance à se former dans le plan médian de la Galaxie. Ses efforts en vue de mesurer avec précision la distance et le diamètre de ces amas l'amenèrent à démontrer clairement la présence de poussière interstellaire.

À la suite des découvertes de Max Wolf, plusieurs astronomes furent persuadés que des nuages de poussières obscurcissaient certaines régions du ciel et que les raies stationnaires du calcium et du sodium prouvaient la présence de nuages de gaz diffus absorbant le rayonnement stellaire. Beaucoup persistaient cependant à croire que le ciel était transparent, sans atténuation globale ou absorption d'ensemble de la lumière stellaire. Un tel point de vue, comme le remarqua Eddington et le confirmera bientôt Robert Trumpler, affectait directement toute tentative de cartographie stellaire et de détermination de la forme et des dimensions de la Voie lactée.

Trumpler se fondait sur les lois de la physique. L'éclat d'une source lumineuse, ou magnitude apparente, est inversement proportionnel au carré de la distance qui la sépare de l'observateur: ainsi cet éclat est quatre fois plus faible lorsque la distance est doublée, et neuf fois plus lorsqu'elle est triplée. Les astronomes calculent la distance d'une étoile en comparant sa magnitude absolue — éclat qu'aurait l'étoile à la distance standard de 32,6 années-lumière — avec sa magnitude apparente. (On peut connaître la magnitude absolue de l'étoile en étudiant son spectre car on a observé que les étoiles de même type spectral ont des magnitudes absolues similaires.)

Trumpler estimait donc la magnitude absolue des étoiles les plus brillantes dans les amas proches et, au moyen de formules adéquates, mesurait leur magnitude apparente afin d'en déduire l'éloignement des amas. Pour éviter toute erreur, il mesurait ensuite le diamètre angulaire des amas sur les photographies et en déduisait le diamètre réel après avoir calculé leur éloignement. Le résultat de cette enquête fut assez surprenant : inexplicablement, les amas observés étaient d'autant plus gros qu'ils étaient éloignés..., ce qui sentait l'erreur systématique.

Ayant analysé les causes possibles de cette anomalie, Trumpler ne retint qu'une alternative : «Ou les amas ouverts sont de taille proportionnelle à leur distance... ou la lumière qui nous en parvient est atténuée en chemin.» Ne voyant aucune raison logique ni physique d'accréditer la première hypothèse, Trumpler conclut à l'absorption de la lumière qui nous vient des étoiles.

Cette atténuation avait des conséquences sur tous les calculs impliquant la loi du carré inverse. «Si l'espace intersidéral n'est pas transparent, disait Trumpler, cette loi ne tient plus ; les magnitudes apparentes décroissent plus rapidement que ne l'indiquent les distances, qui sont donc à leur tour surestimées, l'erreur augmentant avec l'éloignement des étoiles observées.»

Trumpler allait plus loin : faisant l'hypothèse que «la matière absorbante a un lien direct avec le calcium interstellaire ou les nébuleuses diffuses concentrées au voisinage du plan galactique», il postula que l'absorption variait avec les longueurs d'onde, ce qui altérait la couleur des étoiles. On savait à cette époque que leur couleur dépend de leur température, qui influe elle-même sur leur type spectral, et les astronomes étaient depuis quelque temps intrigués par un décalage incompréhensible entre les couleurs observées et théoriques des amas ouverts. Trumpler apportait la solution : si l'on appliquait un certain taux d'absorption, ce décalage disparaissait.

Ces conclusions inattaquables avaient une portée considérable. Si, comme il l'avait si bien démontré, le plan médian de la Voie lactée était encombré de matière absorbante, l'évaluation des distances qui nous séparent des objets célestes les plus divers — sans parler de la dimension de notre galaxie et de la position du système solaire — était à refaire. La matière interstellaire ayant acquis droit de cité dans l'espace, il ne restait plus aux astronomes qu'à rechercher son origine, identifier sa composition et imaginer son rôle dans l'évolution cosmique.

À PARTIR D'UN GRAIN DE POUSSIÈRE...

On découvrit dans les années 1890 des taches sombres masquant certaines régions du ciel, mais il fallut attendre 1930 pour comprendre qu'il s'agissait de de nuages de poussières interstellaires. Et c'est seulement dans les années 1980 que les efforts conjugués de l'observation, de la théorie et de l'expérimentation ont permis d'imaginer le cycle de vie d'un de ces grains de poussière. Les pages qui suivent illustrent ce processus de symbiose entre la matière intersidérale et les étoiles qu'elle nous cache.

Compressée sous l'effet de sa propre gravité, la poussière cosmique s'amasse et forme d'immenses nuages chimiquement très actifs. Ceux-ci sont créés et constamment alimentés par les matériaux provenant d'étoiles mourantes, qu'il s'agisse des géantes rouges ou des supernovae dont l'explosion violente et grandiose projette dans l'espace, à des vitesses atteignant 10 000 km/s, l'essentiel de la matière qui les constituait. Et c'est dans ces nuages que de nouvelles étoiles se formeront, nées des cendres de celles qui ont disparu...

La plupart des poussières cosmiques mesurent moins d'un micron (un millième de millimètre), et certaines guère plus de 0,002 micron. Cependant, ces minuscules grains de matière sont le site de réactions chimiques importantes. Les atomes de gaz issus des étoiles voisines y adhèrent et s'y combinent pour former des molécules de plus en plus complexes, telles les molécules carbonées qui sont à l'origine de la vie. L'interaction permanente qui existe entre la poussière et les étoiles a donné naissance, dans notre galaxie, à une centaine de molécules qui n'existaient pas juste après le «big bang».

LA FILIATION STELLAIRE

Bien qu'absente au moment de la création, la poussière cosmique est un élément déterminant de l'évolution chimique de l'univers. Le «big bang» n'a produit en effet que des éléments simples et légers : 75 % d'hydrogène, 24 % d'hélium et des traces de lithium. La contraction de ces gaz engendra les premières étoiles.

Beaucoup d'étoiles de première génération avaient 300 fois la masse du Soleil et un million de fois son éclat, aussi se consumèrent-elles rapidement, en quelque 10 millions d'années. La pression gravitationnelle au cœur de ces étoiles provoqua la fusion des noyaux d'hydrogène — qui formèrent de l'hélium — ce qui libéra une énergie considérable s'opposant à leur contraction. Puis, l'hydrogène s'épuisant, la température diminua : les étoiles commencèrent à s'effondrer sur elles-mêmes ; la pression au sein du noyau s'accrut, déclenchant de nouvelles réactions thermonucléaires. La fusion de l'hélium produisit du carbone qui, à son tour, donna de l'oxygène, et ainsi de suite, selon un processus en chaîne qui engendra des éléments de plus en plus lourds : néon, magnésium, silicium, phosphore, chlore, calcium, titane, fer...

Au dernier stade de leur effondrement, alors que leur combustible nucléaire s'épuisait, les pressions au sein de ces premières étoiles devinrent si colossales qu'elles se volatilisèrent en supernovae *(ci-contre).* Riches en éléments lourds, les gaz stellaires se répandirent dans l'espace, s'y condensant en particules solides à mesure qu'ils se refroidissaient *(pages 36-37).* Essentiellement faites de graphite, de métaux lourds et de silicates divers — composés très stables de silicium et d'oxygène — ces poussières mesuraient probablement de 5 à 20 nanomètres (millimicrons).

Une étoile de première génération meurt lors de sa métamorphose explosive en supernova. Elle disperse dans l'espace des gaz riches en atomes de carbone, d'oxygène et de silicium, synthétisés en abondance dans son noyau par des réactions thermonucléaires. Le refroidissement de ces gaz favorise le rapprochement des atomes qui s'agglomèrent *(encadré)* et, dès que leur nombre atteint la centaine, forment des particules solides. Ces poussières constituent la matière première des futures étoiles et des planètes.

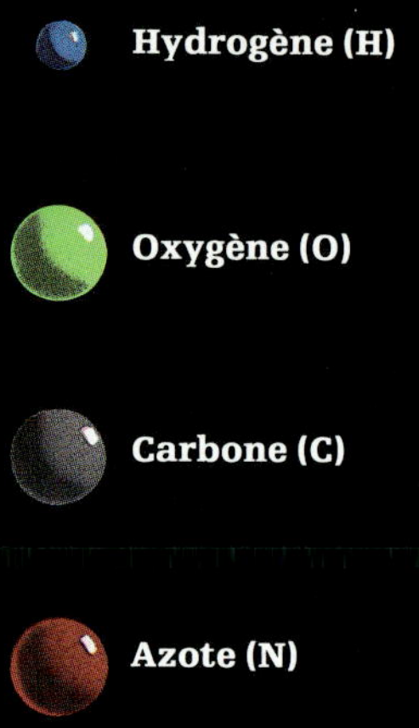

De l'atome à la molécule

Lorsqu'une poussière nouvellement formée s'éloigne de son étoile d'origine, elle rencontre quelques éléments simples qui la transforment en un objet d'une remarquable complexité. Des atomes d'hydrogène, d'oxygène, de carbone et d'azote — corps les plus abondants du milieu cosmique — se déposent à sa surface et s'y combinent pour former diverses molécules. Sans le support des grains de poussière, les chances de rencontre des atomes de gaz — qui constituent 99 % de la matière interstellaire — seraient si faibles, compte tenu de leur dispersion, que la formation de molécules serait pratiquement inexistante.

La page ci-contre représente les premières molécules qui apparaissent à la surface d'une poussière ; il s'agit d'hydrogène moléculaire (H_2 : deux atomes), d'eau (H_2O : trois atomes), d'ammoniac (NH_3 : quatre atomes), de formaldéhyde (CH_2O : quatre atomes) et de méthane (CH_4 : cinq atomes). En s'accumulant, ces molécules forment une sorte de manteau comportant plusieurs couches chimiquement actives : le bombardement des rayons ultraviolets provenant des étoiles brise les liaisons moléculaires qui se reforment différemment, faisant naître de nouveaux composés. Ces derniers sont parfois arrachés au grain de poussière par les radiations qui ainsi, de poussière en poussière, provoquent la naissance de molécules toujours plus complexes.

Étant dans l'impossibilité de prélever ces poussières cosmiques afin de mieux les examiner, les astronomes ont déduit leur taille et leur composition chimique en étudiant les propriétés de diffusion, d'absorption et de polarisation de la lumière des nuages qu'elles forment dans l'espace. Les théories sur la croissance et l'évolution de la poussière cosmique sont testées dans des laboratoires, où l'on observe les réactions chimiques se produisant dans des chambres à vide : celles-ci recréent, avec des températures proches du zéro absolu, des conditions similaires à celles régnant dans l'espace.

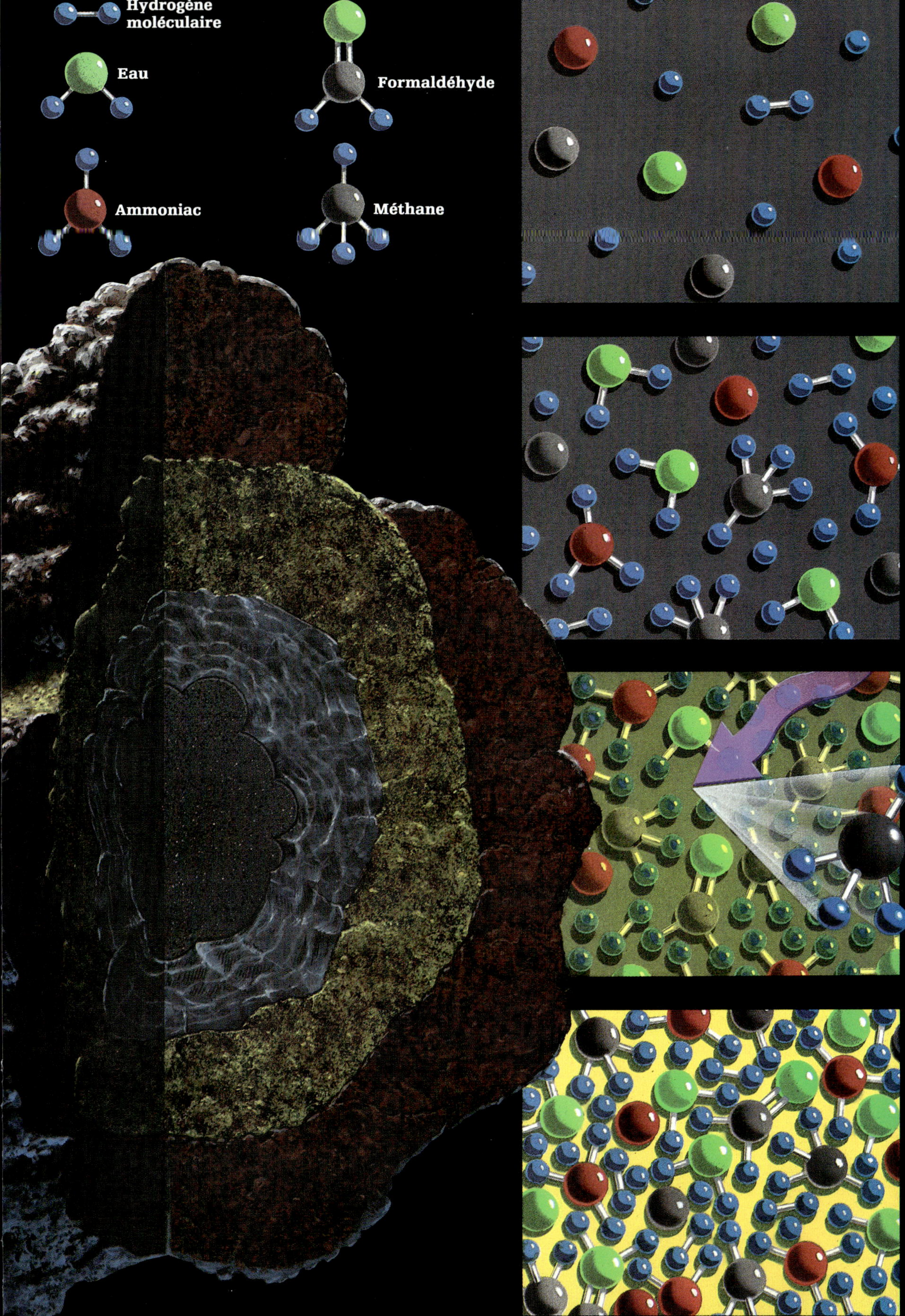

Une poussière cosmique se développe quand des atomes d'hydrogène, d'oxygène, de carbone et d'azote se déposent sur un germe solide de formation récente, colorié en gris dans la grande illustration *(centre de la poussière).* Ces atomes commencent alors à se combiner : ici, deux atomes d'hydrogène s'unissent pour former une molécule *(ci-contre).*

L'accumulation d'atomes et de molécules sur le germe favorise l'apparition de composés chimiques simples, tels que l'eau (H_2O), l'ammoniac (NH_3) et le méthane (CH_4). La température qui règne dans l'espace n'étant que de quelques degrés au-dessus du zéro absolu, ces corps se forment à l'état solide et enveloppent le germe du mélange de leurs glaces *(en bleu).*

Le rayonnement ultraviolet *(flèche violette)* d'une étoile voisine brise les molécules du manteau de glace en radicaux libres, fragments dont les facultés de recombinaison chimique sont très variées. Le formaldéhyde (CH_2O) apparaît, ainsi que des molécules plus complexes, qui forment un nouveau manteau *(en jaune)* de composés organiques. La chaleur dégagée par la recombinaison des radicaux libère certains de ces corps, tel le méthane, qui se dispersent dans l'espace *(ci-contre).*

Les grains de poussière qui séjournent dans un nuage très dense ou qui subissent pendant quelques millions d'années le rayonnement ultraviolet peuvent acquérir un troisième manteau *(en rouge)* d'hydrogène moléculaire, d'eau, d'ammoniac, de formaldéhyde et de méthane à l'état solide, ce qui peut augmenter leur diamètre jusqu'au micron, taille courante d'une particule de fumée.

LA NAISSANCE D'UNE ÉTOILE

Les grains de poussière nouvellement formés voyagent dans l'espace pendant des millions d'années avant de former de vastes nébuleuses de gaz et de poussières susceptibles d'engendrer des étoiles. Ces nuages, qui peuvent s'étendre sur des centaines d'années-lumière et dont la température ne dépasse pas 10 kelvins, ont une densité de 50 à 10 000 particules par centimètre cube. Leur masse, très variable, peut être de 0,1 à plus de 500 000 fois celle du Soleil.

1

Des régions de haute densité ou «globules» apparaissent au sein d'un nuage de poussières et de gaz *(ci-contre)* lorsque celui-ci est déstabilisé, par exemple s'il est frappé par l'onde de choc d'une supernova qui vient d'exploser. La concentration des grains de poussière au cœur de ces globules devient suffisante pour amorcer leur contraction gravitationnelle.

2

Un globule en train de s'affaisser sur lui-même attire à lui les gaz et les poussières environnants *(flèches jaunes)*, ce qui accroît sa masse et son champ gravitationnel. La matière cosmique qui se trouve suffisamment éloignée pour y échapper forme un écran nébuleux qui masque le processus de formation d'une nouvelle étoile. Pour percer ce brouillard, les astronomes utilisent des détecteurs d'infrarouge sensibles à la chaleur que dégage l'agitation thermique des gaz et des poussières comprimés au cœur du globule.

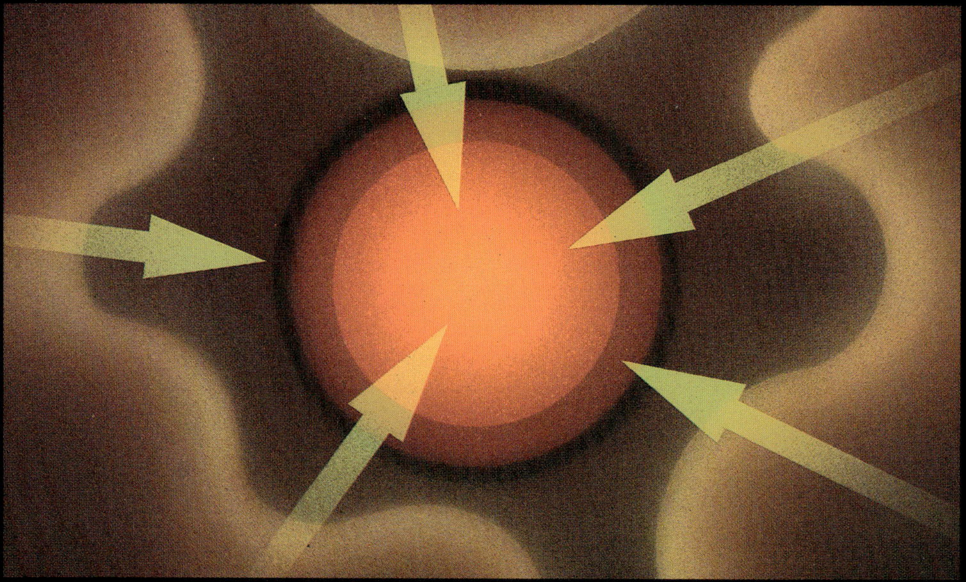

Mais, quelle que soit sa masse ou sa densité, un nuage cosmique évolue de façon aléatoire. Il peut entrer en collision avec un autre nuage, subir l'onde de choc provenant de l'explosion d'une supernova ou encore se comprimer sous l'effet d'une onde de densité — perturbation à grande échelle qui affecte le champ gravitationnel de la Galaxie. Certaines zones de la nébuleuse peuvent alors acquérir une densité suffisante pour commencer à se contracter et à former des sortes de boules, appelées globules, d'où surgiront plus tard des étoiles. Ces proto-étoiles vont continuer à s'affaisser pendant quelques centaines de milliers d'années — voire quelques millions — avant que leur noyau atteigne la température et la pression qui amorceront les premières réactions de fusion nucléaire. Au cours de cette phase, des jets de matière s'échappent par les pôles de la proto-étoile en rotation, dispersant le nuage qui l'enveloppe.

3

L'image ci-contre schématise la formation d'une proto-étoile au sein d'un globule qui se contracte. Au tout début, celle-ci s'entoure d'un mince disque d'accrétion où s'accumulent les poussières et les gaz de son voisinage immédiat *(flèches jaunes)*. Une partie de ces matériaux est renvoyée dans l'espace, pour une raison encore inconnue des astrophysiciens. Ne pouvant se frayer un chemin dans le disque d'accrétion, les rejets se dispersent de part et d'autre de celui-ci *(flèches orange)* en repoussant le nuage environnant.

4

La compression de la proto-étoile élève sa température jusqu'à 15 millions de kelvins, ce qui déclenche les réactions de fusion thermonucléaire. L'énergie dégagée par cette fusion équilibre les forces de gravitation qui tendent à faire s'effondrer l'astre sur lui-même : la proto-étoile devient alors une véritable étoile enveloppée d'une nébuleuse chaude et ténue qui peut rayonner de deux façons. Si sa température dépasse 30 000 K, son rayonnement ultraviolet est assez intense pour ioniser les gaz environnants et les rendre lumineux à leur tour : la nébuleuse est dite émissive. En dessous de 20 000 K, les gaz restent neutres et ne font que réfléchir ou diffuser la lumière de l'étoile *(à gauche)* : la nébuleuse est alors dite diffusante.

UNE MATIÈRE COSMIQUE DE PLUS EN PLUS RICHE...

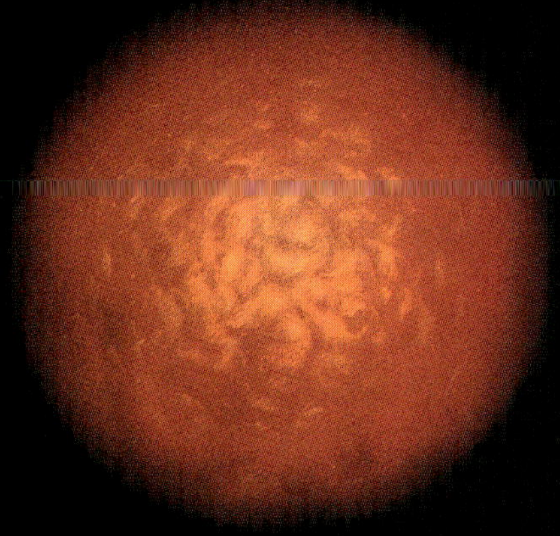

Tout comme le milieu cosmique nourrit de ses poussières la genèse stellaire, les étoiles, en retour, dispersent dans ce milieu les éléments nécessaires à la formation de nouvelles poussières. Ce processus prend la forme d'un flux permanent de particules chargées que produisent toutes les étoiles de la Galaxie. Ce «vent stellaire», comme on l'appelle, enrichit l'espace de produits de nucléosynthèse.

La quantité de poussières cosmiques libérée par une étoile dépend de sa masse et de son mode d'extinction. Une étoile faisant au moins quatre masses solaires devient une supernova: elle explose en projetant dans l'espace l'essentiel de la matière qui la constituait, c'est-à-dire des milliards de tonnes de matériaux fraîchement synthétisés. On y trouve les éléments classiques, allant de l'hélium jusqu'au fer, ainsi que des éléments lourds tels que le plomb, le plutonium et l'uranium, engendrés par les conditions extrêmes de température, de densité et de rayonnement qui règnent au sein d'une étoile mourante.

La mort d'une étoile de masse comparable à celle du Soleil est beaucoup plus douce, ce qui n'amoindrit pas sa contribution au renouvellement de la matière cosmique. Quand ses réserves d'hydrogène s'épuisent, elle commence par se contracter, puis son noyau désormais riche en hélium s'échauffe, dilatant son enveloppe: l'étoile grossit, brille davantage et devient une géante rouge. Sous l'effet de la chaleur, ses couches supérieures sont rejetées dans l'espace, comme on le voit à droite, où elles forment une véritable bulle de gaz en expansion, appelée «nébuleuse planétaire» parce que, vue dans une lunette, son aspect évoque celui d'une planète. Puis le noyau de l'étoile se contracte progressivement et se transforme en naine blanche, tandis que la nébuleuse planétaire se dilue dans l'espace, enrichissant la matière interstellaire où se formeront de nouvelles étoiles de composition chimique plus élaborée.

Lorsqu'une étoile mourante se transforme en géante rouge, la forte élévation de sa température provoque l'expulsion de sa couche supérieure. Cette bulle de gaz se disperse, se ralentit et se refroidit. Mais la pression croissante qui règne au sein de l'étoile déclenche l'éjection rapide d'une seconde bulle de gaz très chauds qui peut rattraper la première et la traverser. L'étoile en mutation libère ainsi des couches successives dont chacune rejoint la précédente pour former une nébuleuse planétaire *(à droite)*. Celle-ci va se dilater puis peu à peu se diluer dans l'espace, y dispersant une nouvelle génération de poussière riche en éléments lourds.

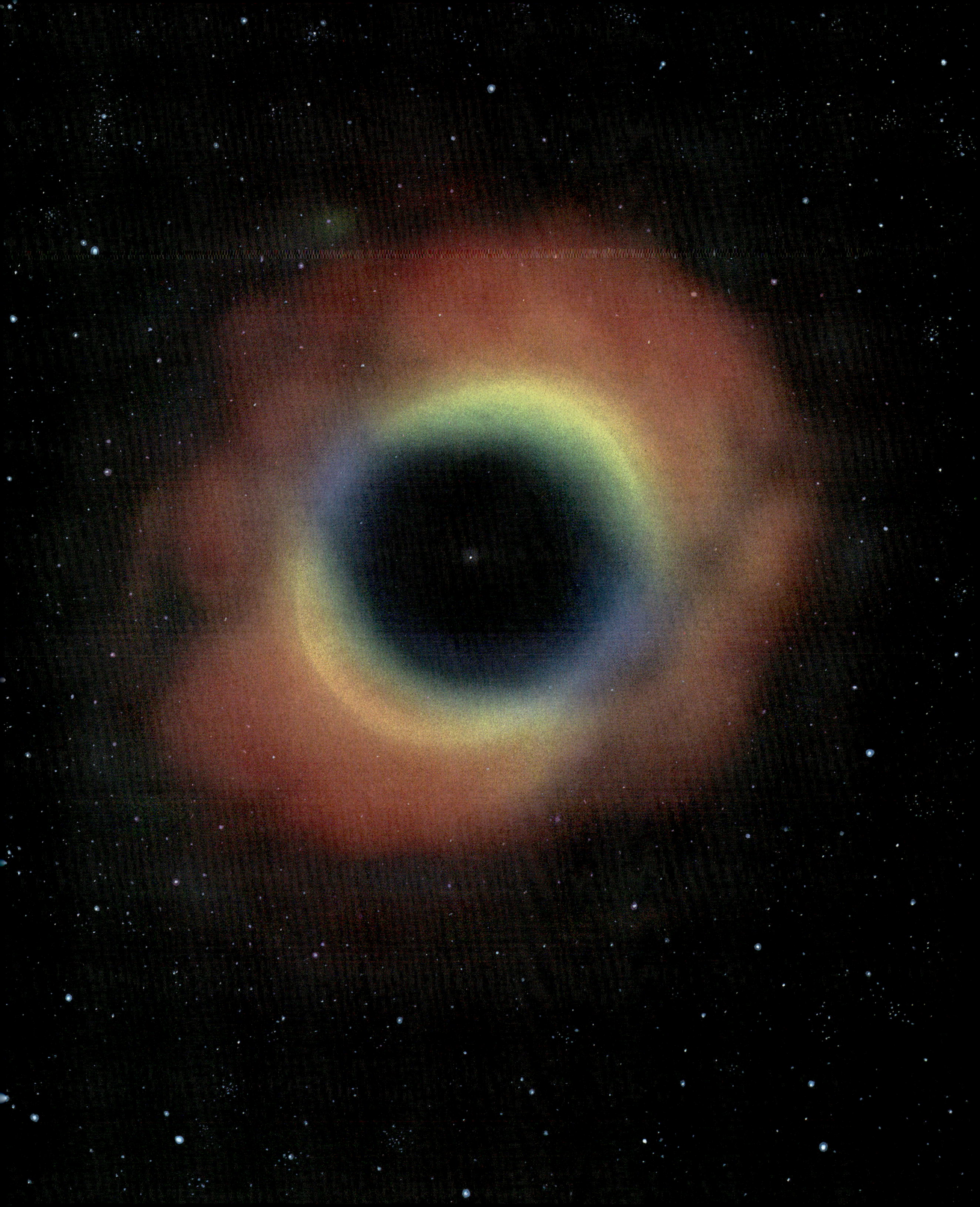

2/GAZ, POUSSIÈRES ET MAGNÉ

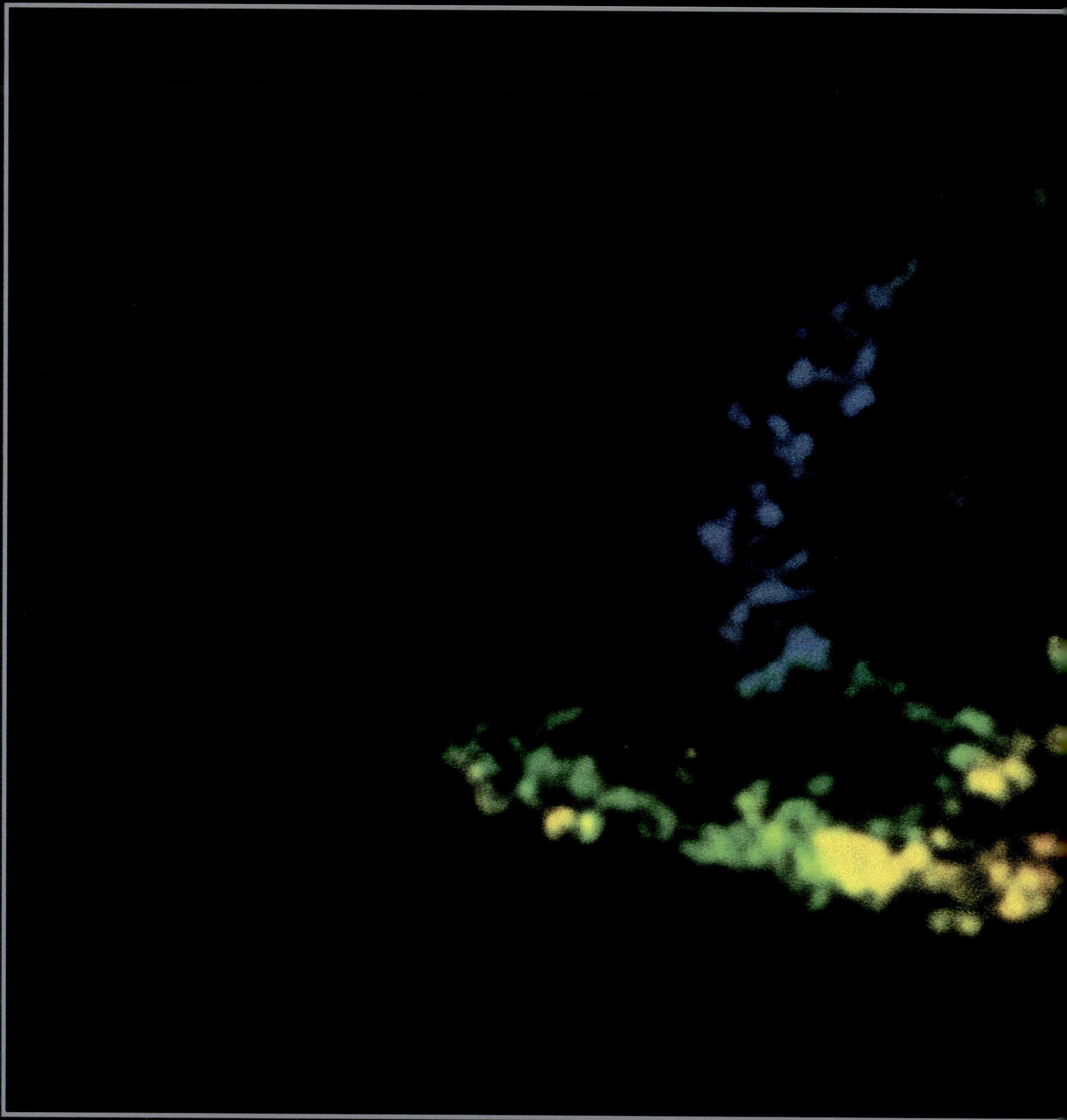

TISME

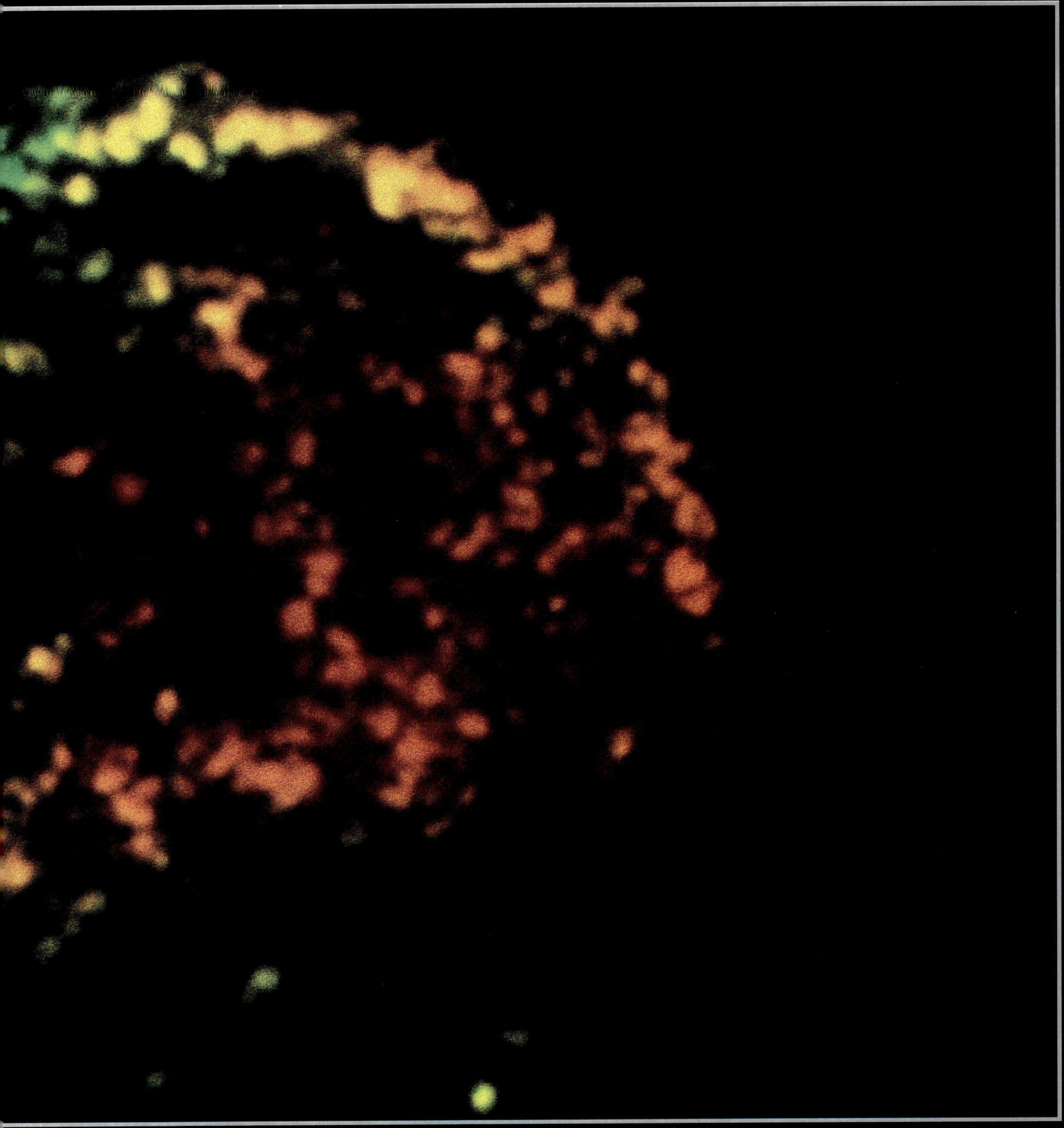

Les bras de la galaxie des Chiens de Chasse se détachent sur l'image radio de son hydrogène neutre H I. Les couleurs utilisées mettent en évidence les décalages Doppler produits par sa rotation, contraire à celle des aiguilles d'une montre : les régions qui s'approchent sont en bleu tandis que celles qui s'éloignent sont en rouge.

Robert Trumpler déclencha une petite révolution lorsqu'il découvrit en 1930 l'affaiblissement de la luminosité des amas ouverts de la Voie lactée proches du plan galactique. Après tant d'années passées dans l'ignorance des richesses que recelait l'espace intersidéral — jusque-là réputé vide malgré de nombreux indices laissant supposer qu'il n'en était rien — les astronomes semblaient vouloir rattraper le temps perdu. Désormais persuadés qu'une matière cosmique existait, faite de poussières et de gaz diffus, ils furent nombreux à entreprendre l'analyse de ce milieu pour en déterminer la nature, l'origine et les propriétés absorbantes.

Ces travaux ne tardèrent pas à faire évoluer les connaissances sur les gaz interstellaires. On s'aperçut, par exemple, que les raies du calcium et du sodium, qui trahissaient la présence de ces éléments dans l'espace intersidéral, ne révélaient rien de la structure d'ensemble de la Galaxie. L'hydrogène, très abondant, semblait en être l'élément de base, mais sa détection à l'état neutre exigeait de nouveaux outils. Dans les quarante années qui suivirent, et surtout après les débuts de la radioastronomie vers 1950, on allait non seulement cartographier la répartition de l'hydrogène interstellaire, mais aussi découvrir l'existence pour le moins inattendue du champ magnétique galactique dont les effets sur le milieu intersidéral et la lumière des étoiles allaient bientôt livrer les secrets des modestes grains de poussière cosmique.

DES GRAINS DE POUSSIÈRE QUI GROSSISSENT

Le Suédois Bertil Lindblad, directeur de l'observatoire de Stockholm, s'intéressa à la poussière cosmique à partir de 1935, dans le cadre de ses recherches sur la composition et l'évolution des étoiles et des amas stellaires. Dix ans plus tôt, il avait acquis une réputation internationale en mesurant la vitesse radiale des étoiles de la Voie lactée, mettant ainsi en évidence leur rotation autour du centre galactique. Certaines d'entre elles décrivent une orbite circulaire dans le plan médian de la Galaxie tandis que d'autres ont une orbite elliptique fortement inclinée par rapport au plan médian. (L'affinement ultérieur de ces études aida ensuite Otto Struve dans ses travaux sur les raies d'absorption stationnaires des nuages de calcium et de sodium.)

Lindblad abordait ce nouveau sujet avec plusieurs hypothèses de travail. Il supposait d'abord que les gaz interstellaires comportaient les mêmes éléments chimiques que le Soleil, avec des abondances identiques ; il reprenait ensuite les idées d'Eddington qui pensait, en 1926, que le rayonnement stellaire ultraviolet ionisait ces gaz et les portait à la température de 10 000 kelvins, même lorsqu'ils étaient très éloignés des étoiles.

Lindblad considérait enfin que l'ensemble du rayonnement stellaire de la Galaxie maintenait la température de ses nuages de poussière au voisinage de 3 kelvins. Se fondant sur le mécanisme du transfert d'énergie, il suggéra que l'impact d'un atome de gaz chaud sur une particule froide libérait une énergie «immédiatement rayonnée dans l'espace ou partiellement absorbée au niveau atomique, ce qui n'échauffait pas la particule». Celle-ci pouvait donc croître en s'enrichissant d'atomes de gaz, tout comme, dans l'atmosphère terrestre, la vapeur d'eau se condense en gouttes de pluie autour des poussières et autres particules atmosphériques. Il fallait un milliard d'années, d'après Lindblad, pour que ce processus d'accrétion donne aux grains la taille présumée des poussières qui occupent les régions sombres de la Voie lactée. (En se fondant sur l'absorption subie par la lumière aux longueurs d'onde allant de 0,4 à 0,8 micron, on avait estimé à un dixième de millimètre le diamètre moyen des poussières qui constituent les nuages obscurs de la Galaxie.) Lindblad remarquait en outre que, de même que les gaz interstellaires, la poussière cosmique devait suivre la rotation d'ensemble de la Voie lactée et donc se concentrer dans son plan médian, opinion confortée par les observations de Robert Trumpler en 1930, qui relevait la présence de très nombreuses régions obscures tout au long du plan galactique.

LES DÉCOUVREURS DU MILIEU INTERSTELLAIRE

Tout au long du XXe siècle, les astronomes n'ont cessé d'affiner leur compréhension de l'espace interstellaire, chaque génération de chercheurs contribuant à la connaissance de ce milieu complexe. Les premières découvertes furent le fruit d'observations indirectes comme l'assombrissement des étoiles par les nébuleuses ou l'effet des rayons cosmiques sur l'atmosphère. Puis les radioastronomes mesurèrent l'abondance de l'hydrogène et mirent en évidence le champ magnétique interstellaire. Les théoriciens ont joué un rôle essentiel en émettant des hypothèses qui, souvent, orientèrent la démarche des observateurs, les guidant vers de nouvelles découvertes.

1912 Victor Franz Hess, physicien autrichien, effectue plusieurs ascensions en ballon pour observer les radiations ionisantes dont il prouve l'origine spatiale.

1925 L'Américain Robert Millikan confirme les observations de Hess. Plus tard, on démontrera que ces mystérieux «rayons cosmiques» sont des flux de particules chargées.

Poursuivant ce raisonnement, Lindblad émit l'hypothèse que le gaz composant les «enveloppes nébuleuses» observées autour de la plupart des étoiles jeunes pouvait se condenser en particules plus grosses encore que celles de la fumée, créant des zones de forte densité. En s'agglomérant, celles-ci pourraient, à la longue, former des corps de la taille d'un petit astéroïde. Cette étape franchie, par un effet de «boule de neige», l'accrétion des matières solides irait en s'accélérant. «Il apparaît donc, écrivait Lindblad, qu'un processus de condensation peut entraîner la croissance rapide d'un petit nombre de corps massifs.» Il pensait bien sûr aux planètes et à leurs satellites.

Aussi raisonnable que parût cette théorie, une objection demeurait: si les astronomes étaient prêts à admettre le mécanisme de la condensation pour expliquer la croissance des grains de poussière, personne ne savait comment apparaissaient les noyaux initiaux de ces poussières, ou «germes». Il fallut plusieurs dizaines d'années pour le découvrir.

L'OBSCURCISSEMENT DEVIENT ÉVIDENT

Alors que Bertil Lindblad étudiait la formation des poussières cosmiques, l'astronome américain Alfred Joy, fils d'un négociant de la Nouvelle-Angleterre et autrefois professeur à l'université américaine de Beyrouth, s'intéressait depuis longtemps à la rotation galactique, ce qui lui permit à l'occasion de confirmer les dires de Trumpler sur l'affaiblissement prononcé des éclats stellaires provenant du centre de la Galaxie.

1935 Le Suédois Bertil Lindblad suggère que les poussières cosmiques se développent par condensation des gaz chauds d'hydrogène sur des particules solides.

1939 Alfred Joy, astronome américain, démontre que les gaz et les poussières cosmiques de la Voie lactée tendent à se concentrer au voisinage du plan galactique.

1939 Le Suédois Bengt Strömgren, montre que les étoiles chaudes sont entourées de sphères d'hydrogène ionisé, le reste de l'hydrogène intersidéral étant généralement neutre.

1944 Jan Oort, doyen des astronomes néerlandais, suggère d'étudier le milieu cosmique et la structure de la Galaxie en développant les moyens d'observation radioastronomiques.

Il utilisait depuis plusieurs années le télescope de 2,50 m du mont Wilson, en Californie, pour relever le mouvement propre, la distance, la magnitude et la classe spectrale de milliers d'étoiles. Il étudiait en particulier les céphéides, une famille d'étoiles variables dont l'éclat fluctue périodiquement de façon très régulière et prévisible. La relation qui existe entre la période d'une céphéide et sa magnitude absolue permet aux astronomes de mesurer son éloignement, à condition de connaître l'atténuation interstellaire — diffusion et absorption — qui affecte son éclat.

Joy travaillait sur 156 céphéides proches pour la plupart du plan équatorial de la Galaxie. Afin de pouvoir effectuer des comparaisons, il classa ces étoiles en quatre groupes, d'après leur éloignement du Soleil et dans toutes les directions observables depuis l'hémisphère Nord, puis il mesura systématiquement leur vitesse radiale. Connaissant les travaux de Lindblad, Joy s'attendait à trouver une corrélation entre la vitesse radiale d'éloignement ou de rapprochement d'une étoile et sa distance par rapport au centre galactique. Mais il s'aperçut, tout comme Trumpler avec ses amas ouverts dont la taille semblait proportionnelle à la distance, que ses étoiles ne se déplaçaient pas à la vitesse prévue.

Il prit alors en considération les effets de l'absorption intersidérale de la lumière, mais le coefficient d'atténuation de 0,85 magnitude par kiloparsec qu'il appliqua — taux alors estimé par tranche de 3 260 années-lumière à partir de la Terre — n'éliminait pas l'écart observé. Les étoiles du groupe 4, les

1945 Hendrik van de Hulst, élève de Oort, prédit le rayonnement radio de l'hydrogène à la longueur d'onde de 21 cm, ouvrant ainsi la voie aux investigations modernes.

1947 Bart Jan Bok pense que les petites nébuleuses sphériques et sombres, appelées «globules de Bok», sont des proto-étoiles en phase d'effondrement gravitationnel.

1950 L'Américain Lyman Spitzer explique la dynamique du milieu interstellaire en décrivant l'échauffement des nuages d'hydrogène neutre et ionisé.

plus distantes, avaient à peu près la même vitesse radiale que celles, plus proches, du groupe 3. Joy écrivait dans un article de 1939: «Ou, pour une raison qui nous échappe, il y a une rupture dans la loi de la vitesse de rotation différentielle en fonction de l'éloignement du centre de la Galaxie, ou bien le coefficient d'absorption est plus fort pour les étoiles du groupe 4.» Comme la première hypothèse n'avait à l'évidence aucun fondement, il concluait que les étoiles du groupe 4 se situaient «dans des régions qui subissaient un plus fort obscurcissement que celles où se trouvaient les groupes plus proches».

Comme de récentes études des raies stationnaires du calcium et du sodium semblaient indiquer que la répartition des gaz interstellaires était loin d'être uniforme, Joy suggéra qu'il devait en être ainsi des nuages de poussière cosmique. «En l'état actuel de nos connaissances, écrivit-il, il est impossible d'attribuer un coefficient d'absorption valable pour l'ensemble de la Galaxie. Sa valeur peut, en effet, varier d'un groupe d'étoiles à un autre, selon leur éloignement et leur position.» Joy disait même que la poussière cosmique devait être assez dense à certains endroits pour avoir un taux d'absorption de 1,5 magnitude par kiloparsec, et peut-être plus encore au voisinage du plan galactique.

Les questions sur la répartition — uniforme ou non — de la matière interstellaire et sur sa composition étaient alors très liées. À la fin des années 1930, Eddington avait déclaré que l'effet ionisant du rayonnement stellaire ultraviolet s'atténuait très vite avec la distance et que la majeure partie

1951 Les Américains Edward Purcell *(à gauche)* et Harold Ewen sont les premiers à observer la raie spectrale de l'hydrogène qui rayonne sur la longueur d'onde de 21 cm.

1951 Jesse Greenstein *(ci-dessous, à gauche)* et Leverett Davis, astronomes américains, attribuent la polarisation de la lumière stellaire à l'alignement des poussières cosmiques.

de l'hydrogène devait se trouver à l'état neutre, désigné sous le symbole H I. Or, en 1938 et 1939, Otto Struve et Christian T. Elvey, qui travaillaient sur un spectrographe spécial couplé au télescope de 2 m de l'observatoire McDonald, au Texas, détectèrent une série de raies spectrales dans plusieurs régions du plan galactique révélant de vastes zones d'hydrogène ionisé H II qui, selon Eddington, n'auraient jamais dû exister.

LES SPHÈRES DE STRÖMGREN

C'est un jeune astronome suédois, Bengt Strömgren, qui clarifia la situation. Il publiait des articles dans les revues scientifiques depuis 1925, l'année de ses dix-sept ans. Sa précocité s'expliquait en partie par le fait que son père dirigeait l'observatoire de Copenhague. Ayant grandi dans ce lieu prestigieux, il fut «passionné par tout ce qu'on y faisait», écrira-t-il plus tard. D'autre part, il étudia la physique nucléaire, alors enseignée à l'Institut de physique théorique de l'université de Copenhague, où Niels Bohr contribuait à jeter les bases de ce qu'on allait bientôt appeler la mécanique quantique. Strömgren allia de bonne heure ces deux centres d'intérêt en effectuant ses premiers travaux sur la structure interne des étoiles. Il travailla pendant un an à l'observatoire Yerkes comme assistant d'Otto Struve (juste avant que celui-ci parte au Texas), puis il revint à Copenhague en 1938.

Un an après son retour, et peu de temps avant de succéder à son père à la direction de l'observatoire, Strömgren publia un article décisif intitulé «Les

1957 John Bolton *(à gauche)* et Paul Wild, du Caltech, suggèrent que l'étude de la raie à 21 cm de l'hydrogène révélerait le champ magnétique interstellaire.

1968 Gerrit Verschurr est le premier à observer le dédoublement de la raie à 21 cm de l'hydrogène, prouvant ainsi l'existence du champ magnétique interstellaire.

propriétés de l'hydrogène interstellaire» dans lequel il apportait une solution au conflit apparent entre la thèse d'Eddington — qui limitait de façon assez stricte l'ionisation de l'hydrogène — et les observations de Struve mentionnant d'abondantes quantités d'hydrogène ionisé. Selon l'analyse de Strömgren, Eddington avait raison sauf en ce qui concernait les «étoiles chaudes et leurs amas, capables d'ioniser l'hydrogène sur des étendues importantes et de jouer un rôle essentiel dans la composition de la matière cosmique», ce qui venait à l'appui des observations de Struve.

Des recherches ultérieures tempérèrent un peu cette analyse. Strömgren pensait, par exemple, que la transition entre les régions d'hydrogène neutre (H I) et ionisé (H II) était franche. Les astronomes savent aujourd'hui que les régions H II — également appelées sphères de Strömgren — ont une frontière nette là où l'hydrogène interstellaire est relativement diffus ; les régions plus denses, où les opportunités de recombinaison d'un atome ionisé avec un électron libre sont nombreuses, ont des frontières floues. Strömgren croyait aussi que l'hydrogène ionisé était strictement confiné dans ces «sphères» alors qu'il se trouve partout dans l'espace intersidéral, mais en plus faible quantité. Pour finir, le diamètre des régions H II, que Strömgren estimait à 200 années-lumière, était excessif. On ne lui accorde aujourd'hui qu'une valeur réduite, de l'ordre de quelques dizaines d'années-lumière, ce qui montre qu'Eddington n'était pas si loin de la vérité. Malgré ces ajustements, l'essentiel des hypothèses de Strömgren demeurent, et ses travaux ont fait énormément progresser la connaissance du milieu interstellaire.

UN ÉLECTRON À SPIN BASCULANT

La Seconde Guerre mondiale, outre les ravages qu'elle fit, perturba grandement le travail des scientifiques en Europe de l'Ouest occupée par les nazis. «Pendant les années de guerre, écrira plus tard Strömgren, je travaillais à l'observatoire de Copenhague dans un relatif isolement et avec des moyens très limités.» Cette situation était la même dans beaucoup de pays, particulièrement aux Pays-Bas où la très active communauté astronomique était privée de toute nouvelle information scientifique. Jan Hendrick Oort, de l'université de Leyde, patron reconnu — sans en avoir le titre — de tous les astronomes hollandais, jugea alors le moment opportun pour réfléchir sur l'ensemble des résultats déjà obtenus.

Quinze ans auparavant, il avait complété les travaux de Lindblad sur la rotation différentielle de la Galaxie, et il s'intéressait toujours aux problèmes concernant la structure de la Voie lactée. Il fut donc très intrigué lorsque Grote Reber, un ingénieur en électronique de Chicago, publia en 1944 quelque chose de tout à fait nouveau : une carte des sources radio de la Galaxie. En 1937, Reber avait installé dans son jardin une antenne parabolique de sa confection et, depuis douze ans, il enregistrait les signaux provenant du ciel. Dans l'article présentant ses travaux, il disait que des gaz chauds interstellaires étaient probablement à l'origine de ce rayonnement. Oort demanda à l'un de ses étudiants, Hendrik van de Hulst, de vérifier les hypothèses et les observations de Reber, puis, après réflexion, il lui suggéra d'entreprendre la recherche de raies spectrales d'absorption dans les radiofréquences.

Cette idée avait de quoi séduire un Hollandais, car, aux Pays-Bas, le travail des astronomes dans le domaine optique souffre du manque de relief du pays, enfoui sous un épais manteau atmosphérique, et dépend essentiellement des conditions météorologiques. Les rayonnements de courtes longueurs d'onde — qui vont de l'infrarouge aux rayons X et gamma, en passant par la lumière blanche — sont atténués ou absorbés à des degrés divers par la vapeur d'eau et les poussières atmosphériques. En revanche, les longueurs d'onde du domaine radio vont du centimètre jusqu'à plusieurs kilomètres, et celles qui ont moins de 20 m traversent la totalité de l'atmosphère.

Van de Hulst, alors âgé de vingt-six ans, préparait sa thèse sur l'absorption de la lumière par les particules interstellaires. Il s'en détourna sur-le-champ pour traiter le problème que lui confiait Oort. À cette époque, les observations concernant la partie radio du spectre électromagnétique étaient rares et sommaires. Or, si l'objectif final était de cartographier la Galaxie, il devait absolument examiner la répartition de l'hydrogène interstellaire.

Un atome neutre H I se compose d'un proton et d'un électron, dont les spins peuvent être identiques ou opposés. (Le spin est un nombre quantique permettant d'évaluer le moment cinétique intrinsèque d'une particule qui tournerait sur elle-même.) Lorsque les spins sont opposés, l'atome est à son niveau d'énergie minimum *(page 53)*. Van de Hulst se rendit compte qu'une collision entre deux atomes pouvait provoquer le renversement du spin de l'électron : il devenait alors parallèle à celui du proton, ce qui accroissait légèrement le niveau énergétique de l'atome. Il fallait généralement une autre collision pour que l'atome excité revienne à son état initial. D'après ses calculs, ce basculement de spin devait s'accompagner d'un rayonnement d'une fréquence de 1 415 mégahertz (MHz), correspondant à une longueur d'onde de 21,2 cm. Malgré la rareté de ce retournement pour un atome isolé, les nuages cosmiques contiennent une telle quantité d'atomes qu'à tout moment il doit s'en trouver toujours assez pour émettre un rayonnement détectable à la fréquence de 1 415 MHz.

Van de Hulst pensait qu'avec un matériel approprié et la coopération de la communauté astronomique cette raie d'émission à 21 cm pourrait être détectée. Mais on était en 1945. Le monde était toujours en guerre et les chercheurs devaient attendre...

LE BOULEDOGUE ET LES GLOBULES

Au moment où Oort détournait Van de Hulst de sa thèse sur la poussière cosmique, Bart Jan Bok, astronome d'origine hollandaise qui avait fait ses études à Leyde dans les années 1920, commençait à s'y intéresser. En 1929, il avait rejoint, en tant que professeur d'astronomie, le corps enseignant de Harvard où, selon les dires d'un de ses anciens élèves, il s'était fait la réputation d'un « bouledogue exhortant son jeune et brillant auditoire à exploiter — voire inventer — de nouvelles techniques pour résoudre les problèmes ».

Or une partie de l'auditoire de la chaire d'astronomie, comme souvent à Harvard, était constituée de brillantes jeunes femmes... En 1945, il fit équipe avec l'une d'elles, Edith F. Reilly, pour étudier des objets sombres aux formes arrondies que l'on observait devant certaines nébuleuses brillantes en de nombreux endroits du ciel. «Puisqu'on suppose que les étoiles naissent de la condensation des gaz et des poussières cosmiques, écrivait dans un article de 1947 l'équipe de Harvard, on doit considérer que ces petites nébuleuses sombres représentent probablement le dernier stade d'évolution qui précède la naissance d'une étoile.»

Bok et Reilly éliminèrent les nuages plus ténus et aux contours mal définis pour ne retenir que «les objets sombres de petite taille et de forme sphérique, plus ou moins aplatie», qu'ils appelèrent globules. Après avoir examiné les meilleures photographies disponibles pour repérer des régions du ciel où les globules se détachaient bien sur la clarté des nébuleuses émissives situées en arrière-plan, ils remarquèrent devant la nébuleuse M 8 une population de globules «exceptionnellement abondante». Seize des vingt-trois globules identifiés étaient bien ronds, les autres ayant une forme plus irrégulière.

Puisque ces globules étaient situés entre la Terre et la nébuleuse dont ils occultaient partiellement la lumière, Bok et Reilly purent estimer leur éloignement à 1 260 parsecs, soit environ 4 100 années-lumière, ce qui leur permit d'en calculer le diamètre, qui variait de 7 000 à 80 000 UA. (L'UA, abréviation de «unité astronomique», est égale à la distance moyenne Soleil-Terre, soit environ 150 millions de kilomètres.) Douze globules, parmi les seize considérés comme réguliers, mesuraient entre 10 000 et 35 000 UA, soit de 150 à 500 fois le diamètre du système solaire.

Moins opaques que les globules de petite taille, les plus gros étaient assez transparents pour que l'on puisse mesurer leur taux d'absorption. À partir de ses calculs, Bok estima plus tard que la masse des poussières que comportaient les globules les plus petits était d'environ le tiers de celle du Soleil. Comme celles-ci ne représentaient qu'une petite partie de la masse totale de ces objets — le reste étant constitué de gaz — les globules de Bok, comme on les baptisa, devaient être extrêmement massifs, peut-être en phase de contraction gravitationnelle. Bok et Reilly encouragèrent leurs collègues à poursuivre les études de ce qui leur semblait être des proto-étoiles.

UNE PERCÉE RADIOASTRONOMIQUE

La guerre venant de se terminer, les astronomes hollandais, de leur côté, se lançaient avec passion dans la réalisation de leur projet radioastronomique. Il fallait d'abord construire un récepteur. Le matériel électronique étant rare après-guerre en Europe, Oort et ses collègues de Leyde fabriquèrent leur équipement en récupérant des antennes de radars allemands. Elles se révélèrent, hélas, inopérantes et il fallut attendre 1951 pour que les Hollandais soient vraiment en mesure de s'attaquer aux observations de la raie à 21 cm de l'hydrogène interstellaire.

Ils étaient sur le point de réussir lorsqu'un malheureux incendie détruisit

La signature caractéristique de l'hydrogène neutre résulte des collisions aléatoires qui modifient le spin (moment cinétique propre d'une particule qui tourne sur elle-même) de l'électron *(en bleu)* circulant autour du proton *(en rouge)*. Au niveau d'énergie minimale, le spin de l'électron et celui du proton sont de sens opposés *(flèches jaune et rouge)*. Quand une collision inverse le spin de l'électron *(en haut)*, la rotation parallèle du proton et de l'électron augmente le niveau d'énergie de l'atome. Si une seconde collision provoque le retour de l'électron à son état initial, l'atome restitue la différence d'énergie sous forme d'un photon *(en haut, à droite)* dans le domaine des fréquences radio, à la longueur d'onde de 21 cm.

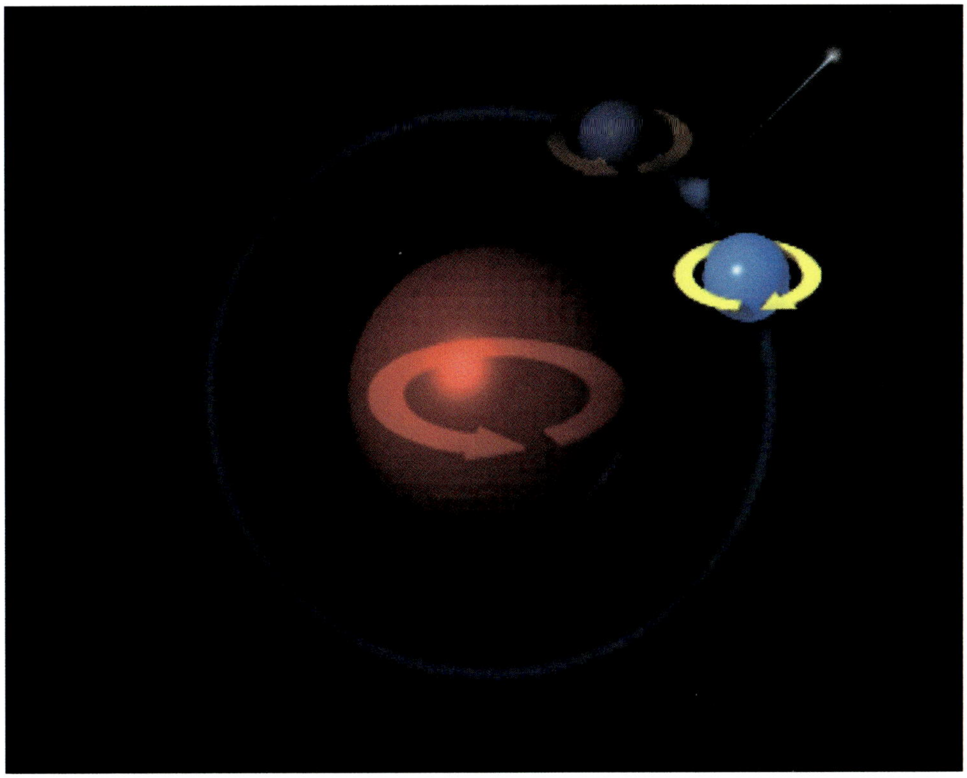

leur matériel. Pendant qu'ils réparaient les dégâts, c'est un Américain, Harold Ewen, travaillant à Harvard avec le physicien Edward Purcell, qui prit le relais. Eux aussi, comme les Hollandais, avaient dû tant bien que mal fabriquer leur matériel: une volumineuse antenne en forme de cornet, faite de contre-plaqué recouvert d'une feuille de cuivre, qu'ils avaient fixée à l'extérieur d'une fenêtre. En dépit du caractère rustique de cet appareillage, l'équipe de Harvard enregistrait le 25 mars 1951, sur la longueur d'onde de 21 cm, le rayonnement de l'hydrogène interstellaire...

La chance voulut que Van de Hulst visitât Harvard à cette époque. Ewen lui donna les plans de son antenne pour qu'il les transmette à Leyde. Oort, aidé de son ingénieur, Alex Muller, modifia son matériel et, le 11 mai, ils confirmèrent les mesures prises à Harvard. En juillet, une équipe australienne observait de son côté la raie à 21 cm. L'année suivante, les trois équipes publièrent conjointement leurs résultats dans la revue *Nature*.

Les Australiens et les Néerlandais se lancèrent alors dans l'entreprise ardue de relever, à l'aide de cette raie à 21 cm, la distribution de l'hydrogène neutre dans la Galaxie. À la fin des années 1950, la majeure partie du ciel avait été explorée. La carte «Leyde-Sydney» qu'ils dressèrent montrait une forte concentration de l'hydrogène dans les bras spiraux de la Galaxie *(page 57)*. Mais, surtout, il formait un disque extrêmement plat qui permit aux astronomes de déterminer avec précision la position du plan galactique.

La nébuleuse de l'Aigle, nimbée de rose, se compose en majeure partie d'hydrogène H II ionisé par le rayonnement ultraviolet d'étoiles jeunes et massives. Sur cette toile de fond apparaissent les taches sombres des globules de Bok *(flèches)*, concentrations denses de poussières et de gaz dues à la pression exercée par l'expansion des gaz ionisés à la lisière des nébuleuses. Ces zones de concentration de la matière cosmique sont le berceau de futures étoiles.

DES THERMOSTATS INTERSTELLAIRES

Pendant que les radioastronomes dessinaient la configuration de l'hydrogène neutre dans la Galaxie, Lyman Spitzer, astrophysicien de Princeton, étudiait le rôle du gaz et des poussières dans la genèse stellaire, phénomène qui paraissait, lui aussi, plus développé dans les bras spiraux. Spitzer, dont Eddington avait été vers 1935 le directeur de recherche à Cambridge, avait été très impressionné par les travaux de Strömgren sur la distinction entre les régions H I et H II. Il publia ses résultats, de 1948 à 1950, dans une série d'articles sur les nébuleuses qu'il pensait être à l'origine des étoiles massives et très lumineuses de classes spectrales O et B. Il avait d'abord cherché les processus susceptibles d'élever la température de ces nuages jusqu'aux 10 000 kelvins envisagés par Eddington en 1926 pour les régions ionisées H II, puis il avait tenté de lever certaines incertitudes quant à celle des régions neutres H I.

Commentant ses travaux quelques années plus tard, Spitzer dira qu'il était «capable de se représenter le comportement d'un système physique et de prévoir son évolution sans l'aide des mathématiques — bien que celles-ci fussent indispensables pour effectuer les nécessaires vérifications». Il avait donc commencé par imaginer les comportements des poussières, des atomes neutres, des ions et des électrons qui occupent l'espace, puis il avait effectué des calculs. Ceux-ci confirmaient les théories d'Eddington : les atomes d'hydrogène neutre exposés au rayonnement ultraviolet provenant d'étoiles proches se maintenaient à une température de 10 000 kelvins, en dépit du refroidissement que produisaient les collisions entre ions et électrons.

Mais il devait imaginer de nouveaux mécanismes d'échauffement et de refroidissement pour les régions H I. Dans un article de 1950, Spitzer et Malcolm P. Savedoff, candidat au doctorat de Princeton, proposaient plusieurs modes de refroidissement : les chocs entre les atomes d'hydrogène et les grains de poussière entraînaient une perte nette d'énergie, tout comme les collisions entre les ions et les électrons. Une autre solution faisait intervenir l'excitation des électrons des ions d'éléments plus lourds que l'hydrogène — carbone, silicium et fer dans le cas des régions H I — processus qui tendrait à disperser de l'énergie sous forme de rayonnement.

Les deux scientifiques présentaient aussi deux mécanismes d'échauffement des nuages d'hydrogène neutre, qui dépendaient de la densité de ces derniers. Dans les nuages denses, la chaleur provenait de la capture et de la réémission d'électrons par les ions d'éléments lourds. Dans ceux de faible densité, le bombardement des rayons cosmiques, dont la vitesse est proche de celle de la lumière, était principalement en cause. Ces deux processus avaient un faible rendement thermique, remarquaient Spitzer et Savedoff, qui compensait mal l'efficacité des modes de refroidissement à l'œuvre dans les régions H I. La température devait donc y être de 30 à 100 kelvins, avec une moyenne d'environ 60 kelvins.

Bien que les études ultérieures aient montré que la chaleur produite par le rayonnement cosmique était moins élevée que ne le supposait Spitzer, la reconnaissance de son rôle dans la dynamique du milieu interstellaire fut en général bien accueillie, parfois avec quelque embarras, par l'ensemble de ses confrères. Les rayons cosmiques demeuraient une des énigmes de l'astrophysique depuis que le Français Charles-Augustin Coulomb avait remarqué, à la fin du XVIIIe siècle, qu'un corps électrisé suspendu à un fil de soie, donc isolé dans l'air, perdait peu à peu sa charge. Lors de la découverte de la radioactivité, en 1896, les scientifiques avaient attribué ce phénomène à l'effet neutralisant des ions émis par les corps radioactifs du sol. Ils étaient dans l'erreur, mais il fallut plus de trente ans pour le prouver.

UN RAYONNEMENT ÉNIGMATIQUE

Parmi les premiers chercheurs qui tentèrent d'en vérifier la validité se trouvait un jeune et audacieux physicien autrichien, Victor Franz Hess, qui entreprit en 1911 et 1912 dix ascensions en ballon, dont une à 5 000 m. Si la théorie était correcte, l'intensité des rayons ionisants devait décroître avec l'altitude. Or c'est le contraire qui se produisit... En opérant de nuit, et même pendant une éclipse de Soleil, Hess put exclure l'origine solaire de ce «rayonnement d'altitude», qui gardait ainsi son mystère.

En 1925, Robert Millikan, prix Nobel de physique qui travaillait au California Institute of Technology (le Caltech), entreprit avec G. Harvey Cameron, l'un de ses étudiants, une série d'expériences originales. Ils choisirent deux lacs des montagnes californiennes. Ils mesurèrent successivement l'intensité de ces fameuses radiations au lac d'Arrowhead, à 1 500 m d'altitude, puis au lac Muir, à 3 500 m d'altitude, où ils remarquèrent que le niveau reçu dans l'eau du lac par 2 m de fond était identique à celui que l'on mesurait en surface au lac d'Arrowhead. Puisque 2 m d'eau absorbaient le rayonnement tout autant que les 2 000 m d'air séparant les niveaux des deux lacs, les radiations ne pouvaient avoir leur origine dans l'atmosphère qui, d'après Millikan, ne jouait que le rôle d'un «matelas absorbant».

Comme les rayons semblaient provenir de toutes les directions de l'espace sans qu'on puisse en localiser l'origine, il les baptisa «rayons cosmiques» plutôt que «rayonnement Millikan», comme on l'avait écrit dans la presse pendant un temps, au grand dam de Hess — qui recevra lui aussi le prix Nobel — un peu ulcéré de la publicité faite à son confrère. Dans les années 1930, Arthur Holly Compton, autre lauréat du Nobel, montra que les rayons cosmiques ne s'apparentaient pas aux rayonnements électromagnétiques de très courtes longueurs d'onde, comme pouvait le suggérer leur pouvoir de pénétration, mais étaient bel et bien des particules chargées (principalement des protons) dotées d'une énergie cinétique gigantesque. Certaines frappent la Terre avec la force d'une balle de tennis au service, dont la masse est pourtant des milliers de milliards de fois celle d'un proton.

LA POLARISATION DE LA LUMIÈRE STELLAIRE

La propagation d'énergies aussi phénoménales dans la Galaxie avait une influence sur le milieu interstellaire, comme l'avaient démontré Spitzer et Savedoff dans leurs travaux sur l'échauffement des nuages d'hydrogène; aussi les astrophysiciens se devaient-ils de préciser l'origine de ce rayonnement, leurs présomptions s'orientant vers les supernovae, les étoiles doubles à rayons X et le vent stellaire des étoiles chaudes. De précédentes analyses avaient montré que la composition des rayons cosmiques était à peu près la même que celle du Soleil et des étoiles: 87 % d'hydrogène, 12 % d'hélium et quelques traces d'éléments plus lourds. Ils présentaient cependant des abondances inhabituelles — un million de fois supérieures à ce qu'elles auraient dû être — en éléments rares tels que le lithium et le béryllium.

Quelle qu'en soit la source, ce rayonnement possédait une telle énergie qu'on le suspecta de compenser en chemin les pertes qu'il devait subir lors de son long trajet cosmique. En 1949, le célèbre physicien italien Enrico Fermi, naturalisé américain depuis dix ans, émit l'idée que les rayons cosmiques acquéraient une énergie supplémentaire par interaction avec le champ magnétique interstellaire. Le mécanisme de Fermi, comme on l'appelle, repose sur le champ magnétique propre aux nuages d'hydrogène ionisé. Lorsqu'une

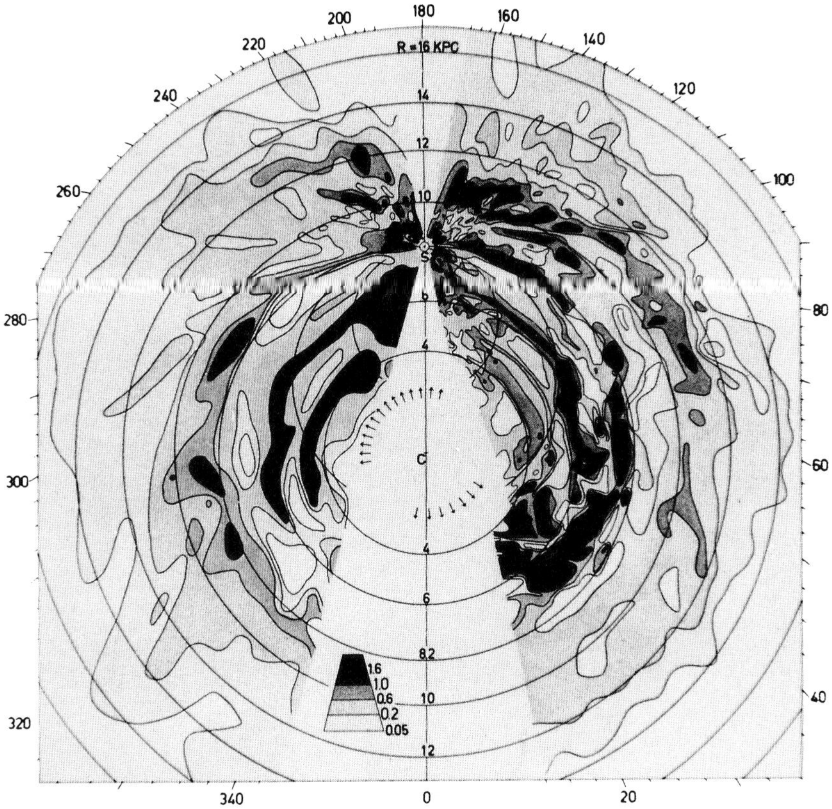

Cette carte, connue sous le nom de «Leyde-Sydney», rassemble les observations (hollandaises à droite, australiennes à gauche) des équipes qui l'ont réalisée. Elle donne la répartition de l'hydrogène neutre H I dans la Voie lactée. Les zones les plus sombres *(taches noires)* révèlent de fortes concentrations d'hydrogène dans les bras spiraux de la Galaxie, qui sont figurés sous forme de secteurs circulaires. Le Soleil *(S)* apparaît au-dessus du centre galactique *(C)*. La zone non couverte par la carte correspond aux régions de la Galaxie dont la vitesse radiale par rapport à la Terre est nulle, ce qui empêche leur localisation.

particule de rayon cosmique traverse un tel nuage, elle décrit une trajectoire en spirale autour des lignes les plus intenses du champ magnétique et sort du nuage avec un surcroît d'énergie. (Bien que le magnétisme interstellaire participe à l'accélération des rayons cosmiques, les astronomes ne le considèrent plus aujourd'hui comme le facteur principal de ce phénomène.)

Or il se trouvait qu'un an plus tôt, à l'observatoire McDonald, William Hiltner et John Hall avaient mis en évidence ce magnétisme, alors qu'ils essayaient de vérifier la prédiction qu'avait faite trois ans auparavant Subrahmanyan Chandrasekhar, astrophysicien américain d'origine indienne qui travaillait à l'université de Chicago. Pour Chandrasekhar, les photons émis par une étoile subissent, dans certains cas, une polarisation qui résulte de leur interaction avec les électrons libres de l'atmosphère stellaire. Ainsi, au lieu de rayonner dans toutes les directions, la lumière qui nous parvient des étoiles devait présenter un plan de polarisation.

Puisque les étoiles — mis à part le Soleil — sont trop éloignées pour qu'on en distingue l'atmosphère, les deux astronomes avaient choisi d'étudier les étoiles binaires à éclipses : quand une étoile passe devant l'autre, la polarisation dans l'atmosphère de l'étoile occultée devait être révélée, du moins le pensaient-ils. Ils avaient utilisé deux systèmes : un télescope muni d'un filtre polarisant ainsi qu'un second télescope muni d'un prisme biréfringent. Équipés tous deux d'un détecteur photosensible, ces appareils ne pouvaient détecter que la lumière polarisée. Les chercheurs avaient alors eu la surprise de découvrir une polarisation plus intense que prévu, mais qui ne provenait pas des atmosphères stellaires observées.

Ils avaient pensé que le plan de polarisation serait parallèle au plan orbital du couple stellaire ; or il était parallèle au plan galactique. En outre, si la polarisation avait été d'origine stellaire, le phénomène aurait dû être observable en toute région du ciel ; or il n'existait pas sur les étoiles binaires éloignées du plan galactique. Enfin Hiltner et Hall s'étaient aperçus que le taux de polarisation était directement lié au rougissement des spectres stellaires causé par l'absorption sélective de la lumière par la poussière cosmique.

Hendrik van de Hulst devait quelque temps après aborder l'ensemble de ces effets. Après avoir terminé trois ans auparavant sa thèse sur la diffusion et l'absorption de la lumière par des particules de taille et de composition diverses, il avait entamé d'autres recherches sur le sujet à l'observatoire Yerkes. On savait que l'absorption de la lumière stellaire par la poussière

À LA CLARTÉ DE L'HYDROGÈNE IONISÉ

Telle une bourre de laine rose flottant dans la pénombre sidérale, la nébuleuse émissive de la Lagune *(ci-contre)* étire ses mèches lumineuses sur des dizaines d'années-lumière tandis que sa partie centrale enveloppe un amas d'étoiles de type spectral O et B dont la température est supérieure à 20 000 kelvins. Les nébuleuses de ce type sont principalement constituées d'atomes d'hydrogène neutre H I qui, à la suite d'un processus de photo-ionisation, émettent un rayonnement propre. Les photons ultraviolets déversés dans l'espace par les étoiles jeunes et chaudes dissocient l'hydrogène neutre en électrons et en ions H II (qui sont des protons). Quand un électron libre passe près d'un proton, il est attiré, puis capturé avant d'être éjecté de nouveau par un autre photon. Cette capture s'accompagne d'une émission de lumière rouge qui donne à la nébuleuse son aspect caractéristique.

cosmique varie selon ses longueurs d'onde: ainsi la lumière bleue, dont la longueur d'onde est plus courte, est plus absorbée que la lumière rouge. Van de Hulst remarquait cependant, dans le premier des deux articles qu'il publia en 1949, que cet effet n'avait fait l'objet d'aucune analyse sérieuse. Il se mit donc à calculer des courbes d'extinction en fonction de la taille, la forme, la charge et la magnétisation des poussières et montra que, à certaines longueurs d'onde, les extrema de ces courbes donnaient en retour des informations sur la nature des poussières.

En comparant ses courbes avec l'atténuation observée de la lumière stellaire à diverses longueurs d'onde, Van de Hulst put en déduire que la poussière cosmique se composait principalement de grains ayant un diamètre d'environ 4 microns. Il ajoutait qu'il s'agissait de glace formée par condensation, comme l'avait suggéré Lindbald quatorze ans auparavant. Leur formation requérait cependant des «sites initiaux de germination» — des particules de dimensions bien plus faibles autour desquelles la matière se serait condensée — dont l'origine demeurait inconnue.

Les courbes obtenues concernaient des grains de poussière sphériques et homogènes mais, dans son second article, Van de Hulst suggérait que la polarisation de la lumière stellaire découverte par Hiltner et Hall était due à des grains oblongs. Considérant que ceux de forme sphérique étaient isotropes, c'est-à-dire qu'ils diffusaient ou absorbaient la lumière de façon identique dans toutes les directions plutôt que dans un plan particulier, il imaginait que ceux qui ressemblaient à des «grains de riz» étaient au contraire anisotropes et qu'ils pouvaient polariser la lumière dans un plan donné s'ils étaient tous alignés dans une certaine direction.

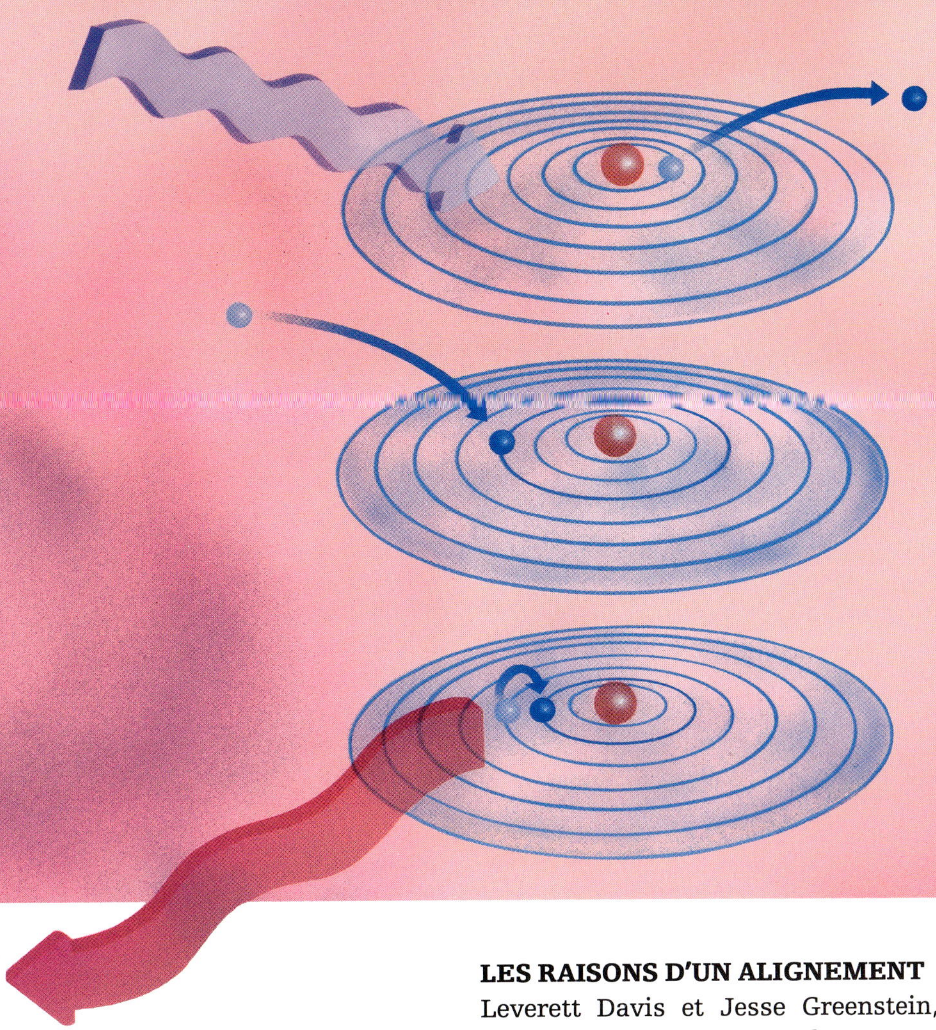

Le rayonnement de couleur rouge d'une nébuleuse résulte d'un processus de photo-ionisation sous la radiation ultraviolette d'une étoile chaude. Un photon de forte énergie frappe un atome d'hydrogène neutre et chasse un électron négatif *(en haut)*, [illegible] qu'un ion positif. Peu après, celui-ci capture un électron libre qui peut occuper pendant un bref instant l'une des couches électroniques de l'atome, par exemple celle de niveau 3 *(au centre)*.
En une fraction de seconde, le passage de l'électron au niveau 2 *(en bas)* libère de l'énergie sous forme d'un photon de longueur d'onde située dans le rouge du spectre, dont la fluorescence illumine l'ensemble de la nébuleuse.

LES RAISONS D'UN ALIGNEMENT

Leverett Davis et Jesse Greenstein, du Caltech, confirmèrent en 1951 les hypothèses de Van de Hulst. Greenstein avait présenté, en 1937, une thèse de doctorat sur le milieu interstellaire, puis il s'était orienté vers la spectroscopie jusqu'à ce que les études de Hiltner et Hall sur la polarisation l'incitent à revenir dans le droit fil de sa thèse. Il publia avec Davis un long article, d'un très haut niveau mathématique, dans le numéro de septembre de l'*Astrophysical Journal,* où il examinait tous les mécanismes susceptibles d'aligner les grains de poussière cosmique.

S'appuyant sur le fait généralement admis que la composition de la matière cosmique est similaire à celle du Soleil et des étoiles, Davis et Greenstein supposaient que la poussière était faite de grains cristallisés, comme la glace ou l'ammoniac, «incluant des atomes lourds jouant le rôle d'impuretés diffuses». Ils notaient en particulier qu'«un atome sur cent était peut-être du fer ou un autre élément similaire présentant un moment magnétique important». Les collisions aléatoires avec les atomes de gaz et les particules qui parcourent ce milieu provoqueraient la rotation sur elles-mêmes des poussières interstellaires. En l'absence de champ magnétique, pensaient les deux chercheurs, les axes de rotation des grains devraient être orientés au hasard, ce qui n'entraînerait aucune polarisation de la lumière qui les traverse. En revanche, un champ magnétique exercerait un couple de torsion qui alignerait les grains: leur plus grand axe serait alors perpendiculaire aux lignes de champ, et leur rotation ressemblerait à celle d'une hélice dont l'axe serait une ligne du champ magnétique.

Cette orientation particulière pouvait expliquer la polarisation de la

Quand la lumière rencontre la poussière...

La poussière interstellaire, à la différence des gaz, ne révèle pas sa présence en produisant de fines raies d'absorption dans le spectre de la lumière qui la traverse, parce que ses grains absorbent le rayonnement sur des bandes de fréquence plus étendues. Cependant, l'accumulation de cette poussière affecte la lumière émise par les étoiles. Elle peut former des nébuleuses «obscures» que l'on détecte lorsqu'elles se détachent sur un arrière-plan suffisamment lumineux, à la façon d'un nuage qui paraît sombre lorsqu'il passe devant la Lune. Elle peut aussi s'illuminer en diffusant la lumière des étoiles voisines, tout comme les nuages du soir qui se parent des couleurs du soleil couchant.

Mais elle a souvent un autre effet, celui de polariser la lumière qui la traverse. Dans ce cas, le champ électrique des ondes lumineuses, au lieu de se propager dans toutes les directions, est orienté dans un plan préférentiel. La lumière qui traverse un nuage de poussière cosmique est polarisée pour deux raisons : d'une part, les grains sont de forme allongée (des grains sphériques auraient une action isotrope sur la lumière); d'autre part, ils sont tous alignés dans une même direction par le champ magnétique interstellaire, ce qui rend anisotrope leur effet sur la lumière. Sans ce champ, ces grains oblongs seraient orientés au hasard, et il n'y aurait aucune polarisation.

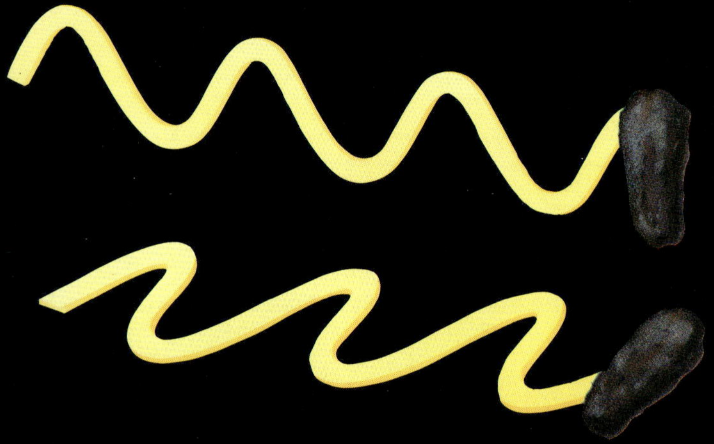

La lumière est un rayonnement électromagnétique constitué d'un champ magnétique et d'un champ électrique perpendiculaires entre eux ainsi qu'à la direction de propagation. Comme on le voit ici, les ondes lumineuses dont le champ électrique oscille parallèlement au grand axe d'un grain de poussière interstellaire sont arrêtées *(ci-contre)* tandis que celles dont le champ électrique lui est perpendiculaire la traversent plus aisément *(ci-dessous)*.

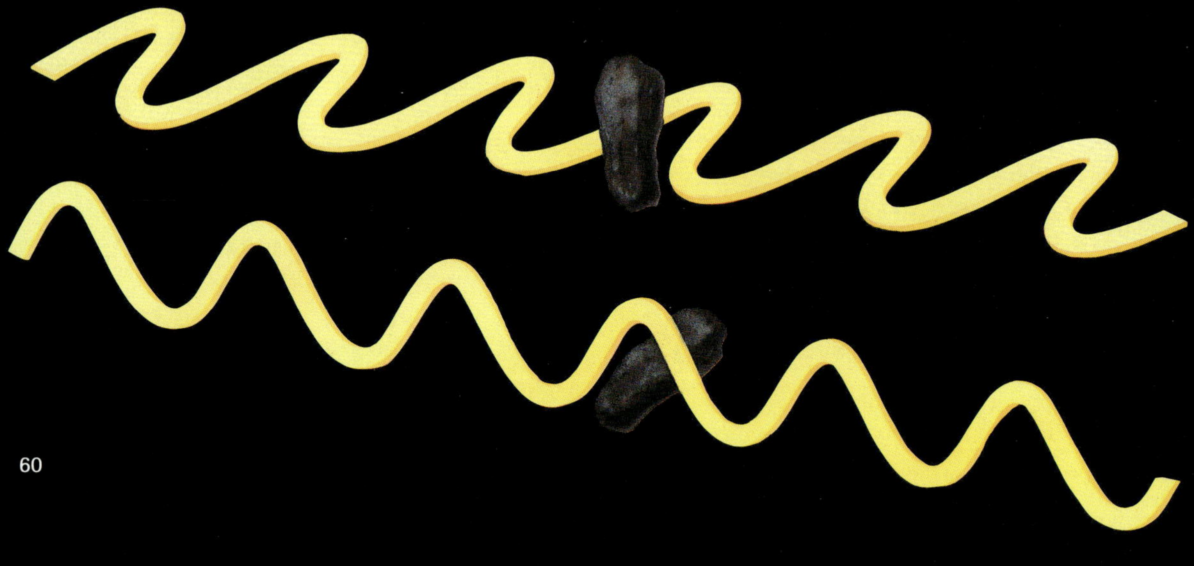

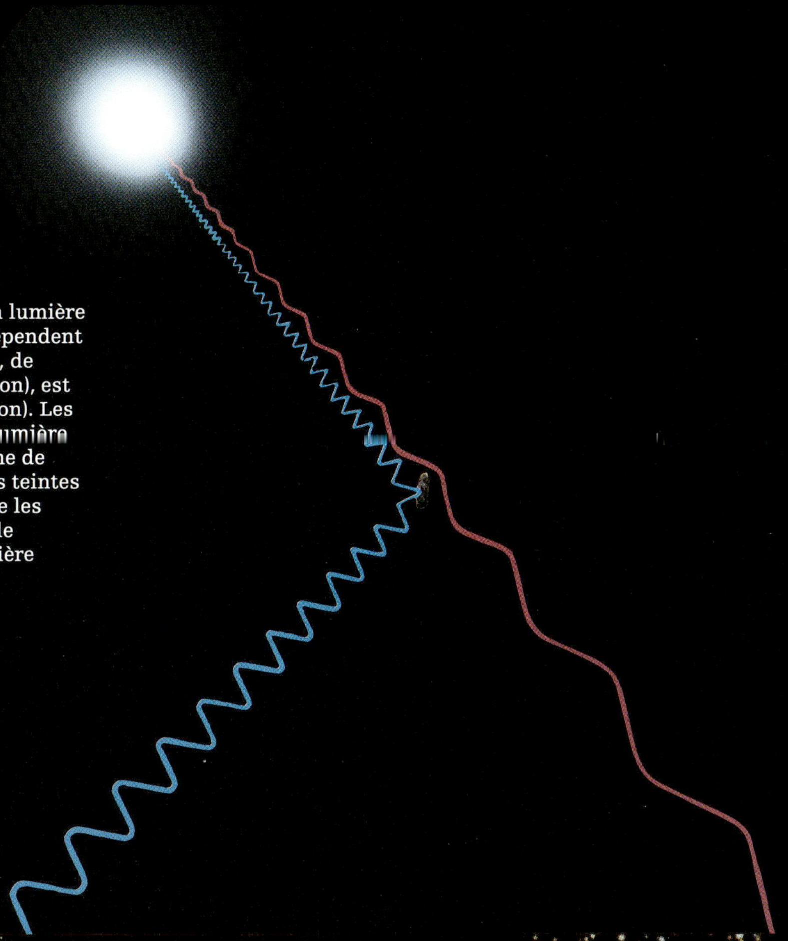

L'absorption et la diffusion de la lumière par la poussière interstellaire dépendent de ses longueurs d'onde. Le bleu, de courte longueur d'onde (0,4 micron), est plus dévié que le rouge (0,8 micron). Les nébuleuses qui réfléchissent la lumière des étoiles situées hors de la ligne de visée apparaissent donc avec des teintes bleuâtres *(ci-dessous),* tandis que les étoiles vues à travers un nuage de poussière sont rougies, leur lumière étant appauvrie dans le bleu.

La poussière de la nébuleuse d'Orion dévie les ondes les plus courtes de la lumière provenant d'étoiles proches, ce qui lui donne sa couleur bleue.

Le nuage de poussière Barnard 86 obscurcit les étoiles de l'arrière-plan et rougit la lumière de celles qui se trouvent à sa lisière.

lumière stellaire, dont seule une des composantes franchirait la «barrière» formée par l'alignement des grains *(page 60)*. «Sur des centaines de parsecs le long de la Voie lactée, disaient Davis et Greenstein, le champ magnétique est pratiquement parallèle au plan galactique, peut-être plus uniforme le long des bras spiraux et sans doute plus perturbé dans le plan galactique lui-même.» L'intensité de ce champ était estimée entre 10 à 100 microgauss, soit un dix-millième du champ magnétique terrestre. Deux ans plus tard, Enrico Fermi et Subrahmanyan Chandrasekhar avancèrent la valeur de 7 microgauss. Celle-ci demeure controversée, bien que l'estimation la plus récente soit de 2 à 5 microgauss pour le milieu interstellaire diffus et un peu plus pour les nuages interstellaires.

LE DÉDOUBLEMENT DE LA RAIE DE L'HYDROGÈNE

Quatre années s'écoulèrent avant que John Bolton et Paul Wild, du Caltech, proposent en 1957 une autre méthode permettant de mesurer l'intensité du champ magnétique interstellaire. Ils pensaient qu'un radiotélescope assez sensible pourrait détecter son influence — appelée effet Zeeman — sur la raie à 21 cm de l'hydrogène neutre. (Pieter Zeeman, autre pionnier hollandais de l'université de Leyde, avait découvert en 1897, au cours d'une série d'expériences de laboratoire, que les raies spectrales s'élargissaient en présence d'un champ magnétique.)

Des recherches ultérieures montrèrent que ces raies, au lieu d'être plus larges, étaient en fait composées de deux — ou plus — raies très proches mais distinctes. Dans le cas de l'hydrogène, la présence d'un champ magnétique influe sur le spin de l'électron — dont le renversement est à l'origine de la raie à 21 cm — en ralentissant ou accélérant son mouvement. Cette légère altération des niveaux d'énergie entraîne un rayonnement à deux fréquences voisines, de polarisations différentes. Plus le champ est intense, plus l'écart s'accentue entre les fréquences et donc entre les raies spectrales.

Bolton et Wild posaient un problème ardu aux radioastronomes. L'effet Zeeman avait été observé sur la lumière des étoiles dont le puissant champ magnétique est de l'ordre de 5 000 gauss, soit 10 000 fois le champ terrestre. Comment pouvait-on détecter le champ galactique qui est 10 000 fois plus faible que celui de la Terre? De plus, l'écart entre les deux raies était un millier de fois plus mince que la largeur de la plus fine des raies observées à 21 cm, ce qui revenait à distinguer un simple fil dans la trame d'un tissu éloigné de quelques mètres.

C'est un astronome d'ascendance néerlandaise qui identifia la structure fine de la raie à 21 cm. À la fin des années 1960, Gerrit Verschurr, originaire d'Afrique du Sud, avait passé des centaines d'heures — comme nombre de ses confrères des grands observatoires mondiaux — à rechercher l'effet Zeeman avec un matériel inadapté: le bruit électronique propre aux premiers radiotélescopes couvrait le plus souvent les faibles signaux venus de l'espace.

Il avait travaillé pendant sept ans avec le radiotélescope de Jodrell Bank, en Angleterre, et pratiquement abandonné la partie en 1967, lorsque, à trente ans, il partit aux États-Unis et devint assistant à l'observatoire radioastronomique de Green Bank, dans l'ouest de la Virginie. L'antenne parabolique de 40 m de diamètre de Green Bank était associée à un récepteur d'une telle qualité que Verschurr, surexcité, se lança dans ce qu'il décrira plus tard comme la version radioastronomique de la «quête du Graal».

En mai 1968, il traitait manuellement les résultats de mesures effectuées durant une dizaine de jours, le programme informatique prévu n'étant pas terminé. «Pendant des semaines, écrira-t-il, je passai le plus clair de mon temps à faire des additions et des divisions, ne mangeant et dormant qu'à l'occasion.» Et, bien que le programme fut enfin prêt en juillet, il dut dessiner lui-même le profil des raies spectrales enregistrées. C'est en travaillant sur les observations d'un nuage dense du bras de la Voie lactée situé dans la direction de Persée qu'il fut transporté de joie: une raie finement dédoublée se dessinait sur le papier. «Un superbe effet Zeeman!» Plus tard dans l'année, il lui fut possible d'observer directement les raies spectrales sur l'écran d'un oscilloscope, d'où son regain d'enthousiasme. «Je les ai!... Elles sont là!...» s'écria-t-il en dansant d'allégresse. Ses mesures, tant attendues, montraient que le champ magnétique présent dans la nébuleuse avait une intensité de 10 à 20 microgauss.

Cette découverte couronnait les efforts de plusieurs décennies au cours desquelles la patiente corrélation d'observations sans liens apparents avait révélé le rôle d'acteurs invisibles: le gaz interstellaire d'abord, puis la poussière et les rayons cosmiques; et enfin, baignant le tout, le champ magnétique de la Galaxie. Longtemps ignoré, car on le croyait vide et inerte, l'espace interstellaire avait dévoilé ses secrets et son dynamisme.

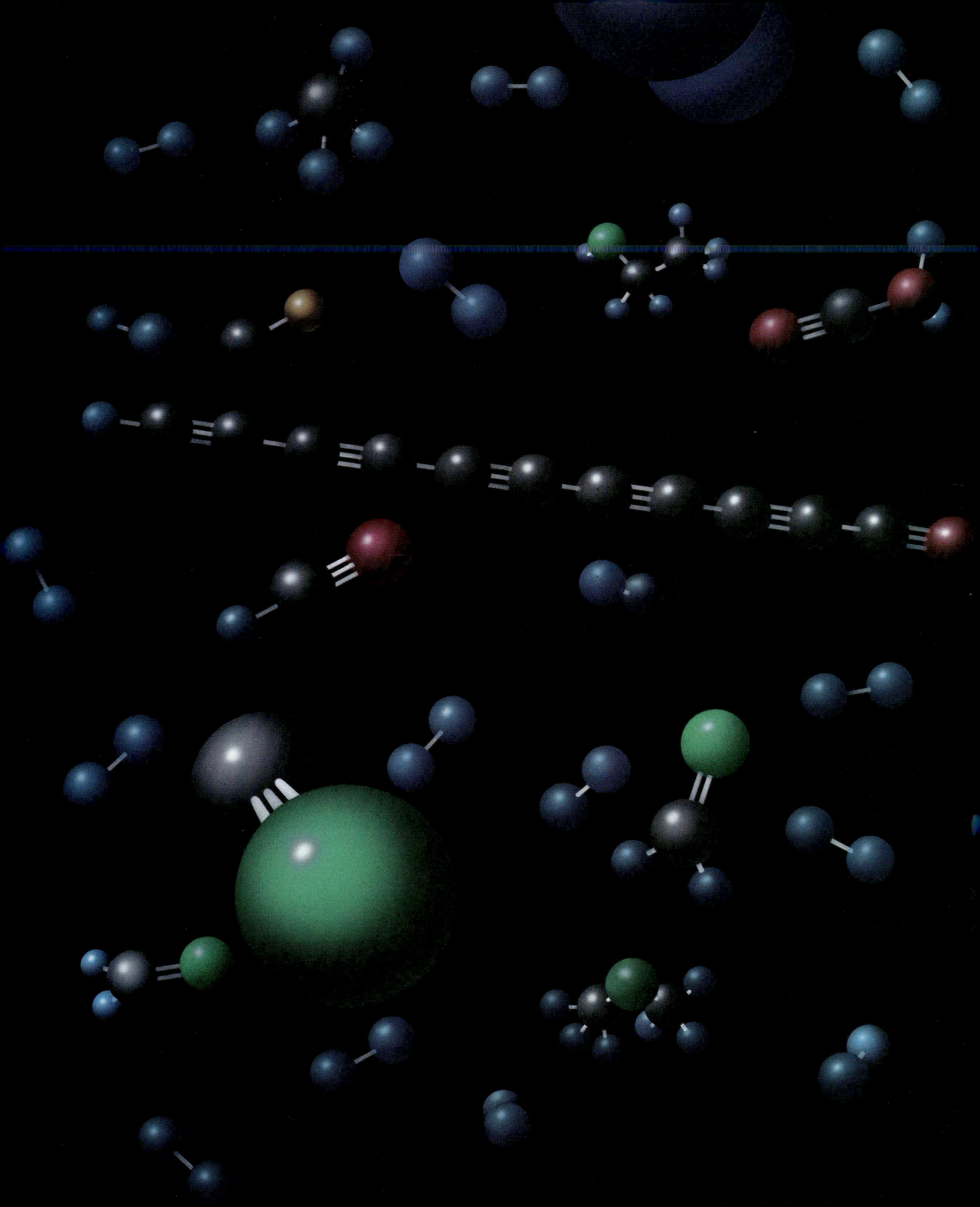

VERS UNE PLUS GRANDE COMPLEXITÉ

Les molécules rencontrées dans l'univers vont des plus simples aux plus complexes. Nées de la collision et de la liaison chimique de deux ou plusieurs atomes, les molécules d'hydrogène, d'oxygène, de monoxyde de carbone et autres constituent une matière ténue, un milliard de milliard de fois moins dense que celle des étoiles et des planètes. Dans certaines conditions, ces molécules se rassemblent en nuages qui donneront naissance à de nouvelles étoiles. Nous découvrons ces berceaux stellaires grâce au rayonnement des molécules qui absorbent ou dégagent une certaine quantité d'énergie lorsqu'elles se heurtent ou sont excitées par les rayons cosmiques et ultraviolets. Chaque type de molécules possède un rayonnement caractéristique, de longueur d'onde précise. L'analyse de cette signature spectrale permet aux astronomes non seulement de les identifier et de calculer leurs abondances, mais aussi de déduire comment elles évoluent dans l'espace du plus simple au plus complexe.

L'hydrogène est l'élément prépondérant des nuages moléculaires. Il représente plus de 50 % de la matière interstellaire. La combinaison de deux atomes d'hydrogène *(en bleu)* sur une particule de poussière *(pages 68-69)* donne une molécule susceptible d'être ionisée par le rayonnement cosmique : elle devient alors réceptive vis-à-vis d'autres atomes du milieu interstellaire tels que l'oxygène *(en vert)*, le carbone *(en noir)*, l'azote *(en rouge)* et le soufre *(en jaune)*. On trouve dans les composés ainsi obtenus des molécules qui n'existent pas sur Terre et dont les chimistes doivent reconstituer la structure. On connaît aujourd'hui 92 molécules, mais quelques astronomes pensent qu'il y en a environ 500 répandues dans le cosmos. Le temps est loin où l'on croyait l'immensité de l'espace interstellaire incapable de produire autre chose qu'une simple molécule d'hydrogène, composée seulement de deux atomes.

LE RAYONNEMENT MOLÉCULAIRE

Pour mieux comprendre l'évolution des molécules dans l'espace, il fallait commencer par étudier la plus simple d'entre elles : celle de l'hydrogène. La prédominance des atomes d'hydrogène, confirmée par leur raie d'émission à 21 cm, donnait à penser qu'ils avaient plus de chances de se rencontrer et de s'unir pour former des molécules, celles-ci servant ensuite de base à la synthèse d'autres composés. Mais l'hydrogène moléculaire est difficile à repérer. En effet, une molécule émet sa signature spectrale lorsqu'une collision augmente son énergie de rotation et que ce gain d'énergie est ensuite libéré sous forme d'un photon *(ci-dessous).* L'émission de ce rayonnement repose sur l'asymétrie de la plupart des molécules : la collision provoque la mise en rotation de leur centre de charge électromagnétique autour de leur centre de masse *(ci-dessous,*

À la suite d'une collision, une molécule de monoxyde de carbone a acquis une énergie cinétique de rotation *(ci-dessous, à gauche).* Elle restitue ce gain d'énergie en émettant un photon qui a exactement la même longueur d'onde, en même temps qu'elle retrouve sa vitesse de rotation initiale *(ci-dessous, à droite).* Le processus de rayonnement de la molécule de monoxyde de carbone résulte de sa dissymétrie, comme on le voit ci-contre.

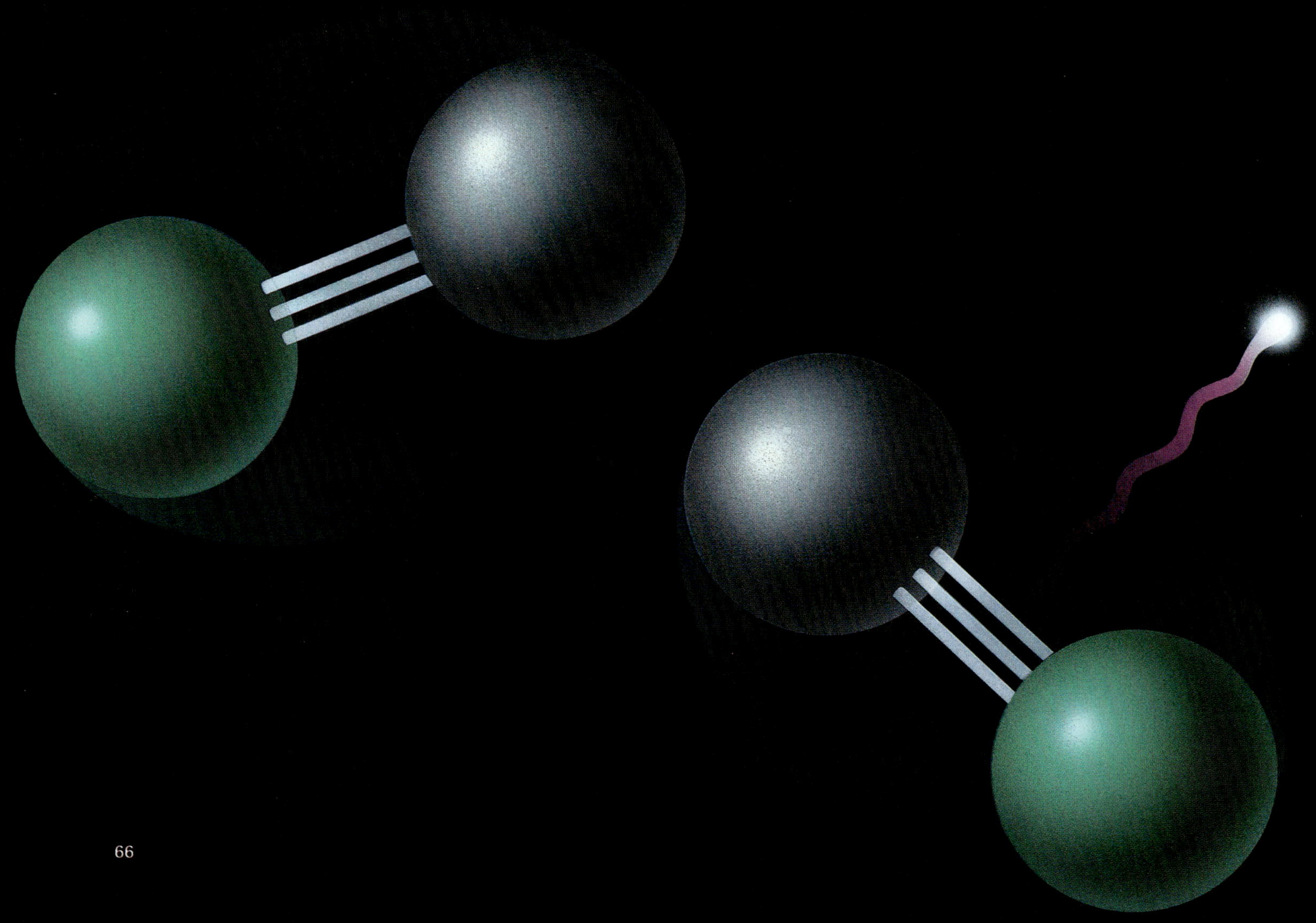

à droite), les transformant ainsi en une sorte d'oscillateur, jusqu'à ce qu'elles émettent un photon — généralement dans les ondes courtes radio — et retournent à leur état initial. Mais, comme la molécule d'hydrogène est symétrique, ses centres de charge et de masse coïncident : elle ne produit aucun signal.

Devant le silence radio de l'hydrogène moléculaire, les astronomes ont cherché et détecté la signature du monoxyde de carbone, une molécule asymétrique qui est stimulée par les collisions avec les molécules d'hydrogène. L'analyse spectrale révèle une proportion de 10 000 molécules d'hydrogène pour une de monoxyde de carbone. L'identification de cette molécule dans des régions très étendues de l'espace confirme l'omniprésence de l'hydrogène moléculaire dans le milieu cosmique.

La rotation d'une molécule symétrique, telle que l'hydrogène diatomique *(en haut),* n'engendre aucun rayonnement parce que son centre de charge électromagnétique coïncide avec son centre de masse *(en violet et en rouge).* La molécule asymétrique du monoxyde de carbone *(en bas)* rayonne par suite de la rotation de son centre de charge autour de son centre de masse, ce qui en fait une sorte d'oscillateur.

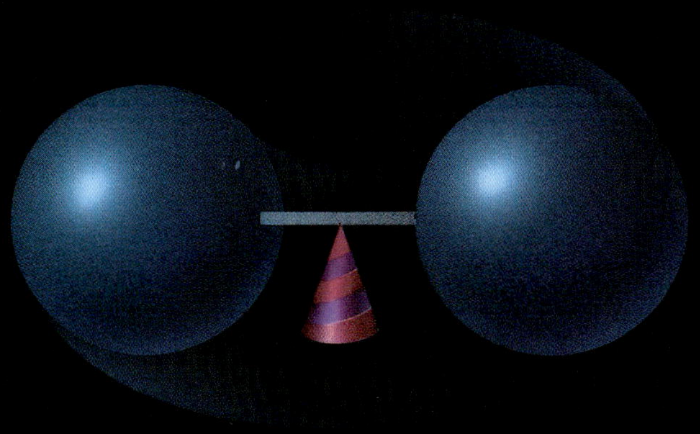

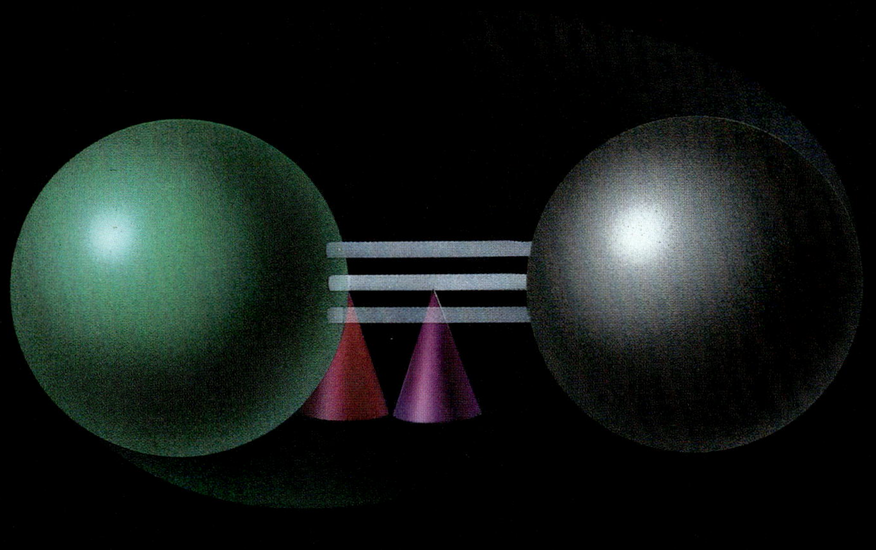

UN LIEU DE RENCONTRE POUR LES ATOMES

Ayant évalué l'abondance de l'hydrogène moléculaire, les astronomes purent élaborer diverses théories pour expliquer la formation des molécules. En ce qui concerne l'hydrogène, la collision entre atomes est le processus le plus simple. Appelé «association radiative», ce mode de formation existe depuis la naissance de l'univers, mais son efficacité est faible: une seule collision sur dix milliards engendre une molécule. Même si la Voie lactée avait toujours été aussi riche en atomes d'hydrogène qu'aujourd'hui, ce taux demeure trop faible pour expliquer l'abondance de l'hydrogène moléculaire au sein des nébuleuses.

Manifestement, il faut donc qu'un autre processus soit à l'œuvre, qu'il y ait un agent pour favoriser les

La formation d'une molécule d'hydrogène interstellaire commence quand un grain de poussière, éjecté par une étoile mourante, est heurté par un atome d'hydrogène. Le grain absorbant l'énergie cinétique de l'atome, celui-ci reste fixé à sa surface.

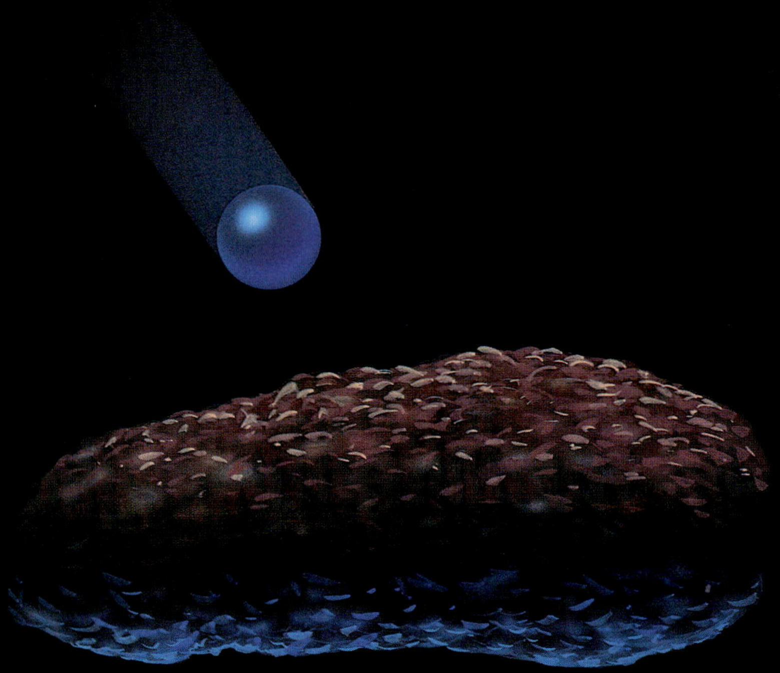

Au bout d'un certain temps, un autre atome d'hydrogène frappe le grain de poussière et s'y fixe à son tour. Malgré la rareté de ces collisions, il y a assez d'hydrogène dans l'espace pour que deux atomes heurtent ainsi successivement de nombreuses poussières.

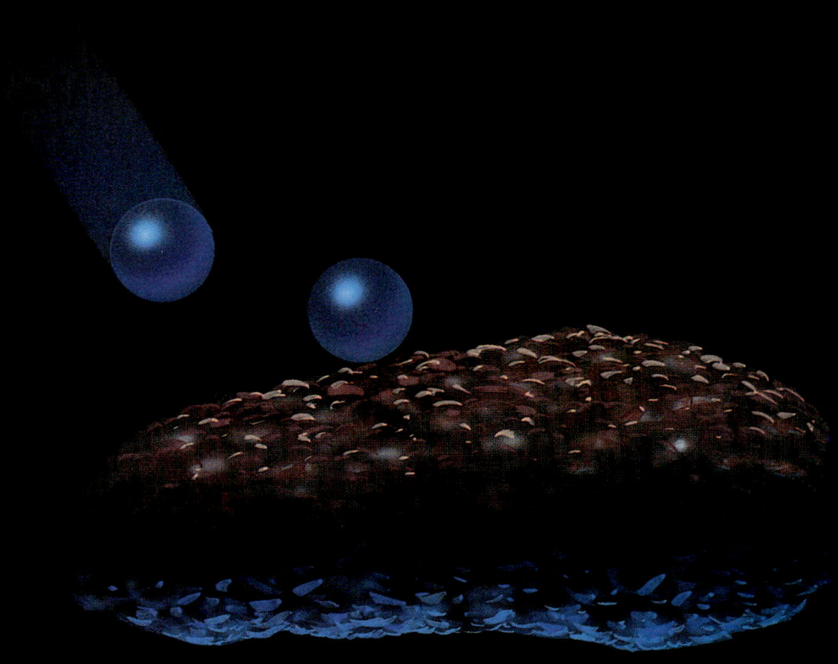

liaisons interatomiques. Cet intermédiaire est la poussière cosmique, faite de particules microscopiques de carbone, de silicium et d'autres éléments expulsés par les étoiles mourantes. Heurté par un atome d'hydrogène, le grain de poussière absorbe l'énergie cinétique de l'atome qui se fixe à sa surface. Il suffit qu'un autre atome adhère à ce grain pour que se forme une molécule. Bien que la poussière ne représente que 1 % de la matière interstellaire, elle favorise les liaisons atomiques avec une efficacité remarquable, entraînant la formation de mille fois plus de molécules que l'association radiative. De là proviennent les réserves stables et abondantes d'hydrogène diatomique accumulées dans les nuages moléculaires.

Lorsque deux atomes d'hydrogène sont ainsi fixés à la surface d'un grain de poussière, ils se lient et forment une molécule dont l'énergie est inférieure à la somme des énergies de chacun des atomes. La différence est absorbée par le grain de poussière.

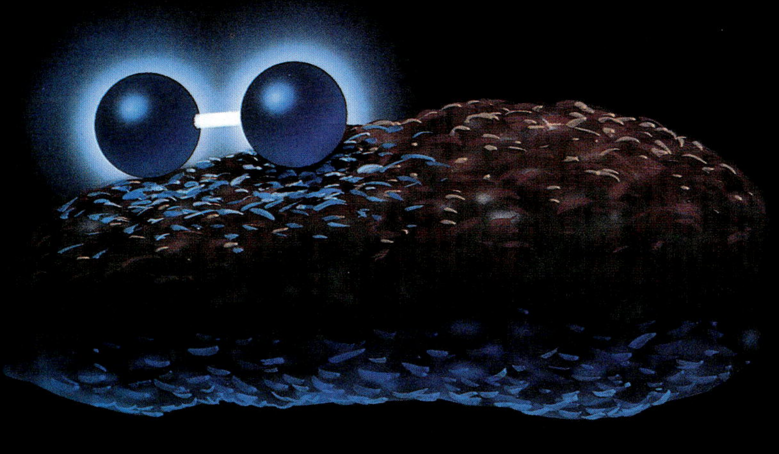

Après la liaison des atomes, l'énergie absorbée par le grain de poussière élève sa température et provoque l'évaporation dans l'espace de la molécule d'hydrogène. Généralement, la formation d'une molécule d'hydrogène demande environ 100 000 ans...

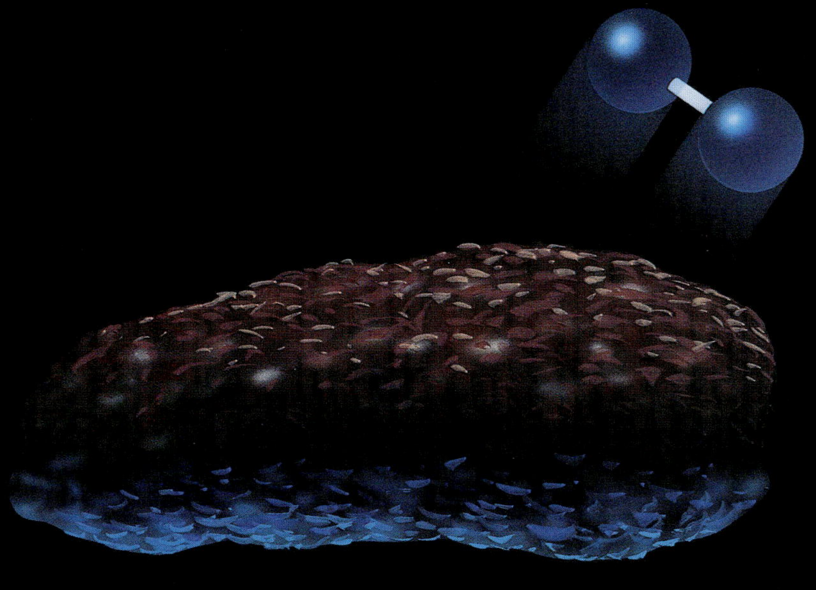

CRÉATIONS EN CHAÎNE

La formation d'hydrogène moléculaire au contact de la poussière cosmique enrichit certes la matière interstellaire, mais il faut un apport d'énergie pour que se créent des composés aussi divers que l'eau, l'ammoniac ou le méthane. Comme les niveaux de chaleur et de lumière sont très bas dans l'espace, la formation de corps chimiques de plus en plus complexes à partir de l'hydrogène doit faire intervenir une autre source d'énergie : il s'agit du rayonnement cosmique, dont les particules chargées sont animées de vitesses proches de celle de la lumière.

Lorsqu'un rayon cosmique frappe une molécule d'hydrogène, il engendre l'ion H_3^+ — maillon vital dans la chaîne moléculaire interstellaire — constitué

Le cycle d'élaboration des molécules interstellaires commence lorsqu'un rayon cosmique frappe une molécule d'hydrogène *(ci-dessous, à gauche)* et chasse un électron de charge négative *(au centre)*. L'impact produit un ion H_2^+ — constitué de deux protons et d'un électron — qui, à son tour, sera transformé lors de sa rencontre avec une autre molécule d'hydrogène *(à droite)*.

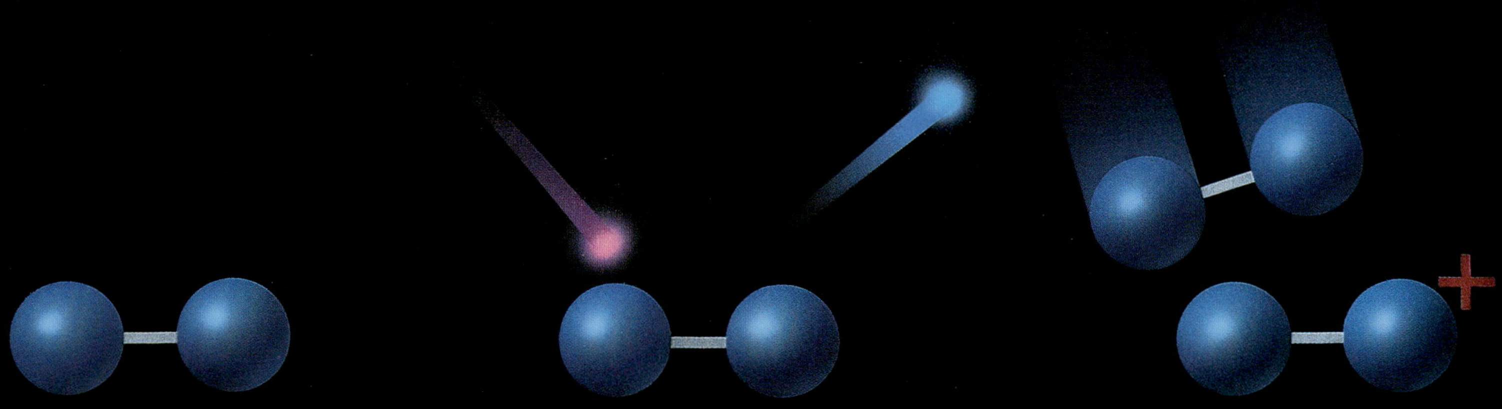

de trois protons et de deux électrons. Cet ion positif réagit facilement avec d'autres atomes ou molécules, amorçant une longue série de combinaisons et de dissociations qui aboutit à la formation de molécules complexes.

Certaines synthèses de ce jeu de billard cosmique nécessitent plus de 1 500 étapes intermédiaires, ce qui pose un problème gigantesque aux chimistes qui tentent de les reproduire en laboratoire.

La compréhension de ces créations en chaîne est cependant fondamentale pour imaginer toutes les nouvelles réactions chimiques possibles et arriver ainsi à identifier certaines signatures spectrales énigmatiques provenant de molécules inconnues sur Terre.

La combinaison d'un ion H_2^+ avec une molécule neutre d'hydrogène libère un atome d'hydrogène neutre et engendre un ion H_3^+, composé de trois protons et de deux électrons. Cet ion se combine très aisément, et de différentes façons, avec d'autres éléments du milieu interstellaire.

Les molécules les plus courantes synthétisées grâce à cet ion sont illustrées ci-dessous : il s'agit de l'ammoniac (trois atomes d'hydrogène et un d'azote), du méthane (quatre atomes d'hydrogène et un de carbone) et de l'eau (deux atomes d'hydrogène et un d'oxygène). La formation de cette dernière molécule, très simple, demande plusieurs étapes à la suite de la combinaison initiale de H_3^+ avec l'oxygène. Les molécules plus complexes font intervenir un cycle de synthèse cent fois plus long.

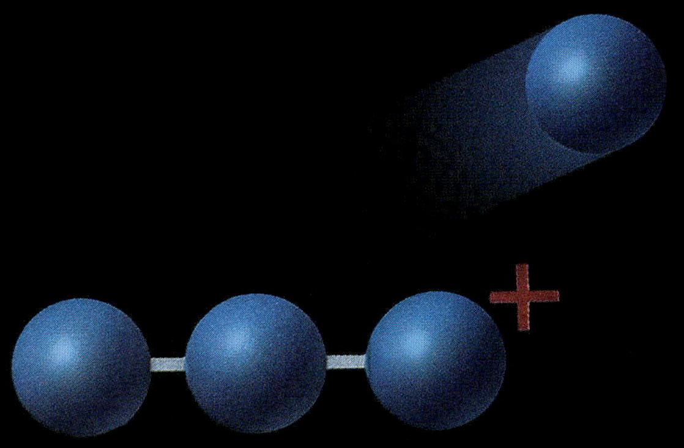

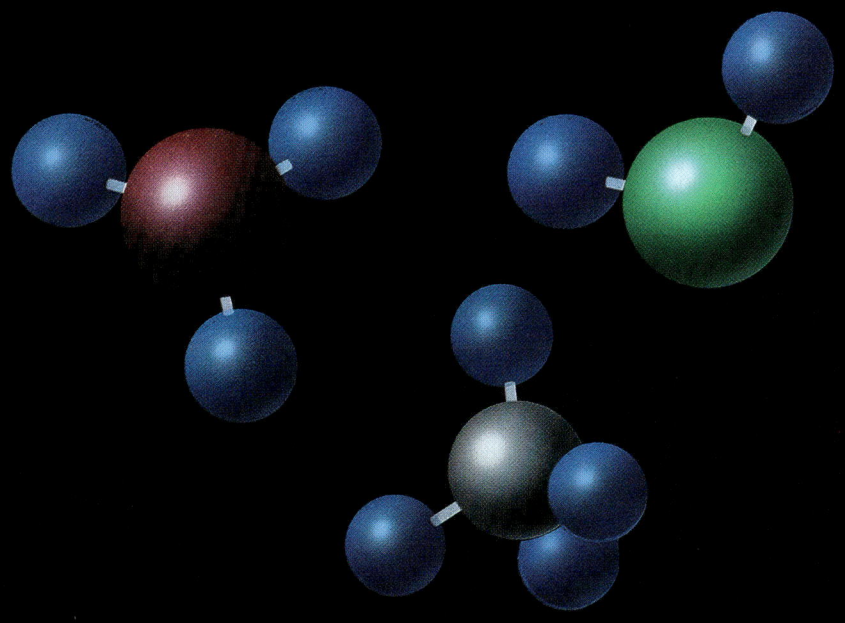

Des molécules de plus en plus complexes...

Les molécules complexes émettent leurs signatures spectrales dans l'infrarouge, bande de fréquence dans laquelle rayonne aussi la poussière cosmique, ce qui complique leur analyse. Une vingtaine de spectres moléculaires ne peuvent toujours pas être identifiés avec certitude. Quelques-uns sont attribués à des molécules connues dont le rayonnement se mélange à celui des poussières sur lesquelles elles se sont formées. Le cas le plus insolite est celui du rayonnement infrarouge issu de nuages très développés qui se situent de part et d'autre du plan médian de la Voie lactée. (Ces régions produisent près de 40 % du rayonnement infrarouge de toute la Galaxie.) À la suite de soigneuses analyses, les astrophysiciens ont conclu à la présence d'une classe complexe de molécules organiques, appelées hydrocarbures «aromatiques», ce qui donne à la chimie interstellaire une nouvelle dimension.

Les astrophysiciens supputent aussi la présence

Le motif de base des molécules aromatiques est celui du benzène *(ci-dessous, à gauche)*. L'alternance des liaisons simples et doubles unissant les atomes de carbone dans son noyau hexagonal rend cette molécule particulièrement stable.

L'adjonction au motif central de six noyaux benzéniques donne une élégante structure appelée coronène. Celle-ci, composée de 24 atomes de carbone, est l'une des molécules aromatiques détectées dans l'espace grâce à leurs signatures spectrales.

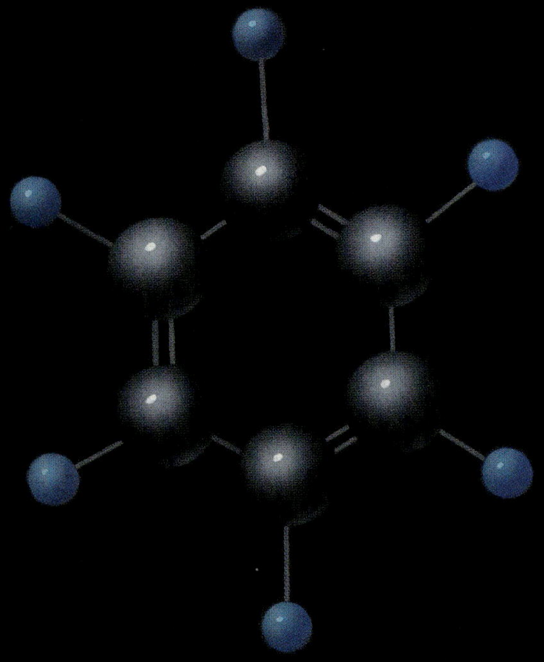

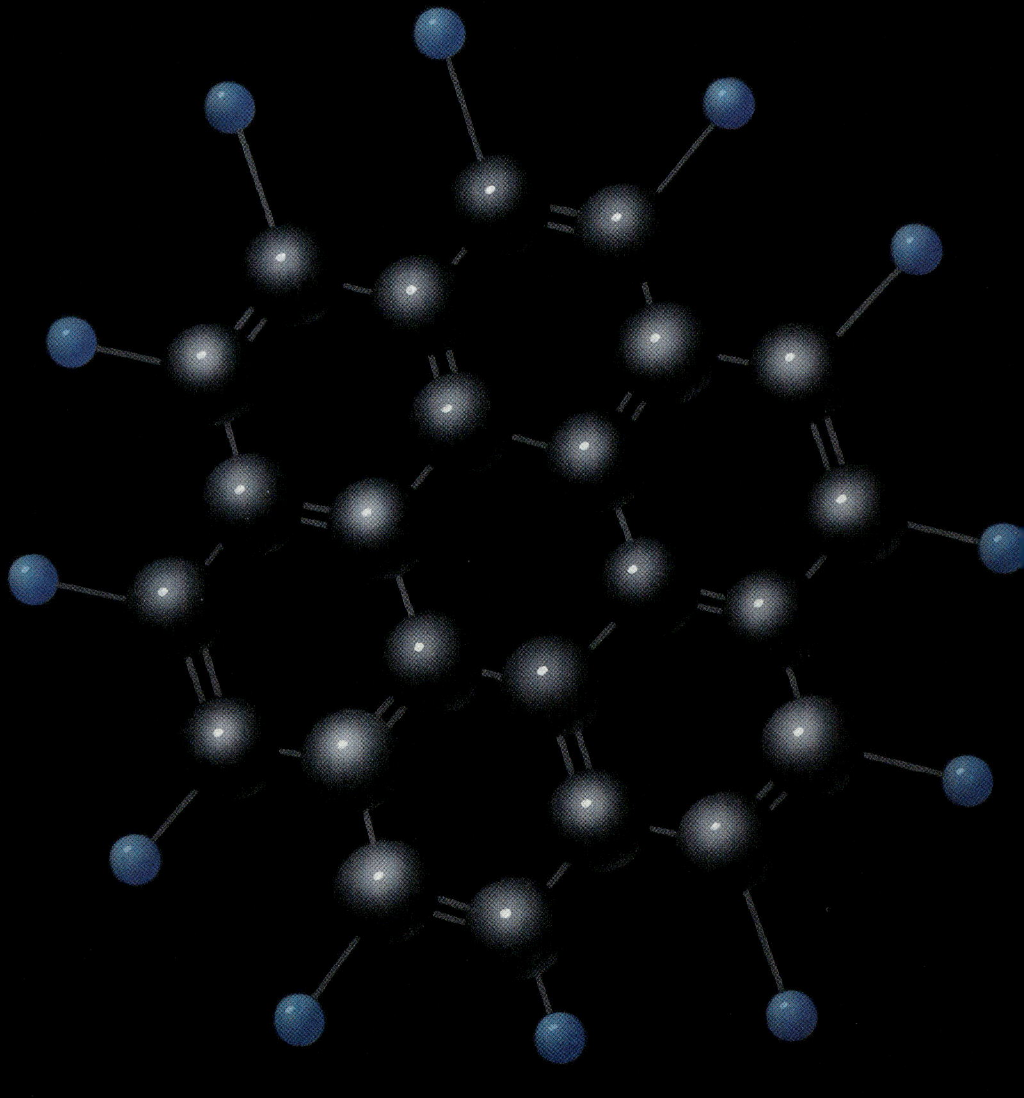

dans l'espace de molécules particulières qui occupent une place importante dans l'environnement intersidéral, mais dont on n'a pas encore identifié la signature. Il s'agit de composés du carbone appelés «fullerènes», d'après le nom de Richard Buckminster Fuller, inventeur de l'architecture robuste des dômes géodésiques. Ces molécules, qui possèdent la structure hexagonale polycyclique des hydrocarbures aromatiques, comportent un grand nombre d'atomes de carbone étroitement assemblés. Leurs formes ressemblent à celles des dômes de Fuller. Cette structure est d'une si grande stabilité que ceux qui postulent l'existence des fullerènes pensent qu'ils ont pu être les premiers objets d'une certaine étendue à s'être formés après le «big bang». Ce qui implique que de tels composés auraient survécu aux impacts cosmiques et seraient ainsi à l'origine des poussières, des comètes, des astéroïdes et des planètes...

Construite selon la structure du benzène — noyau hexagonal et liaisons simples et doubles du carbone — cette fullerène comporte 60 atomes de carbone. Sa forme sphérique en fait un des composés les plus stables du milieu interstellaire.

Les fullerènes commencent à prendre forme quand les atomes de carbone s'unissent pour former un réseau plat à structure hexagonale. Les bords de ce réseau peuvent se rejoindre pour donner des volumes dont la forme peut varier de la sphère... au haricot.

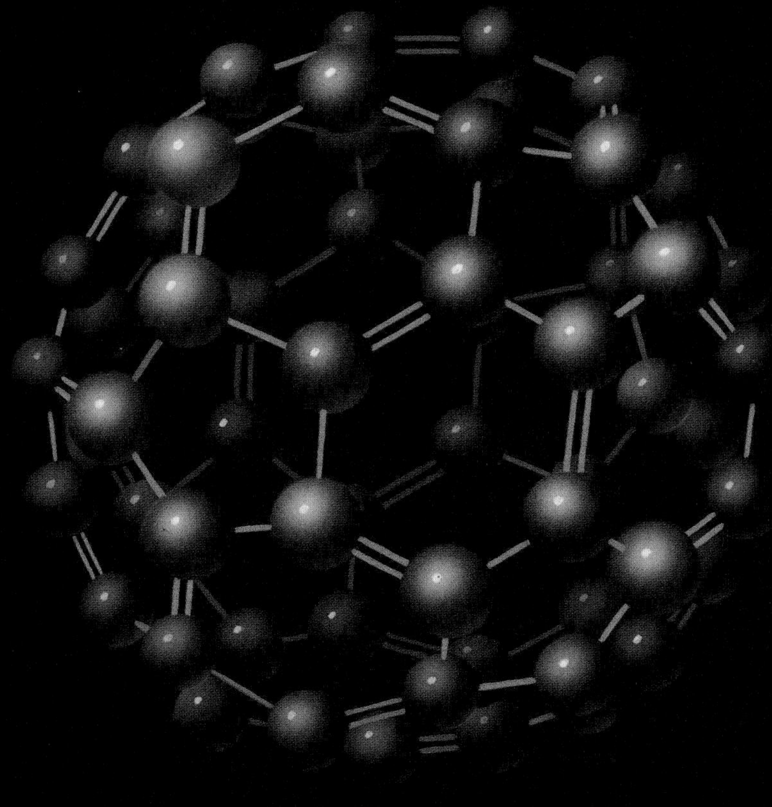

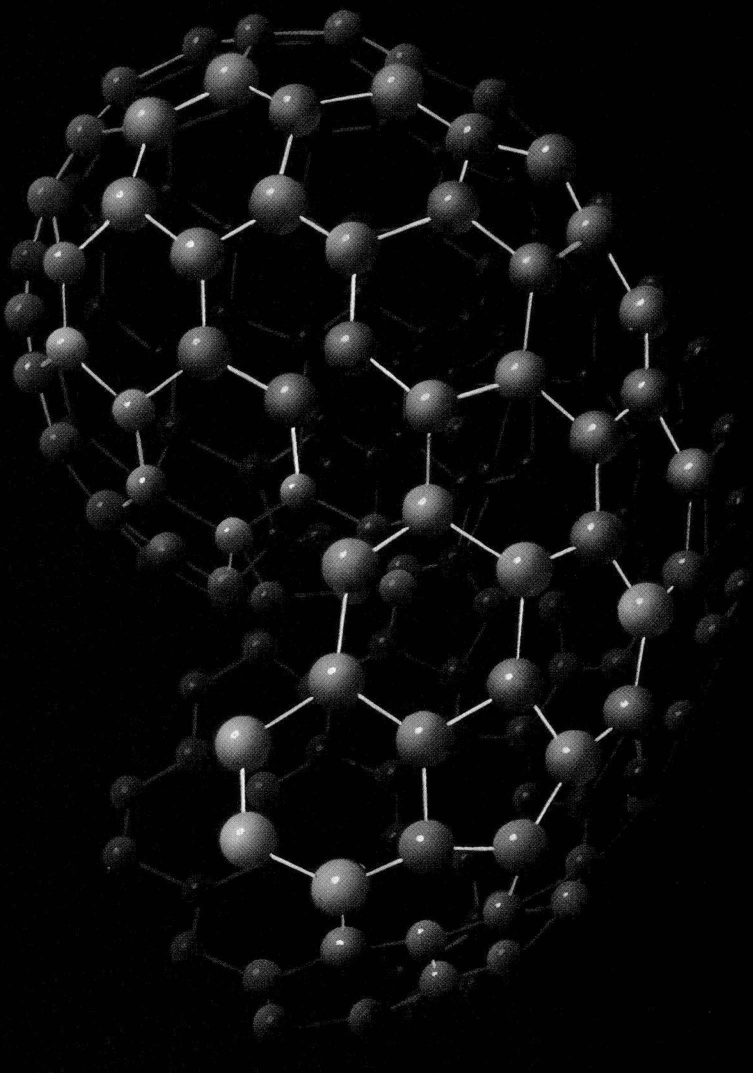

3/Les berceaux d'étoiles

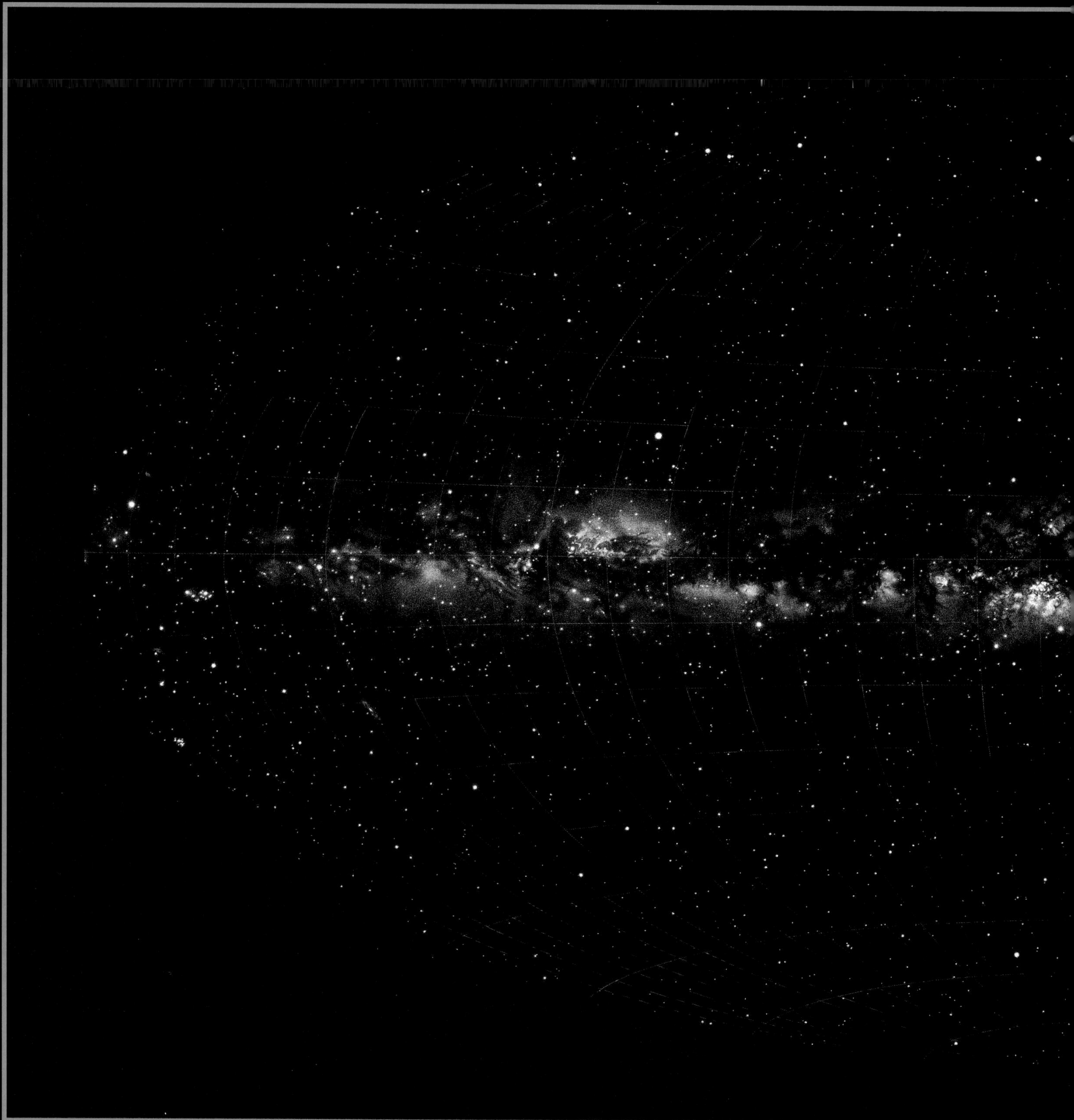

La carte des régions très lumineuses proches du plan galactique est parsemée de taches sombres, comme le montre la projection d'une photo panoramique sur un canevas de forme ovale. Les astronomes ont identifié une «grande barrière» formée de vastes nuages de gaz moléculaires où peuvent naître de nouvelles étoiles.

Maintes fois durant les nuits d'été, les aborigènes d'Australie ont pu observer dans leur ciel scintillant d'étoiles une silhouette familière : sur la large traînée laiteuse qui le traverse — et qu'on appelle la Voie lactée — se dessine la forme sombre et un peu vague d'un émeu, oiseau coureur des steppes australiennes qui ressemble à l'autruche... Sur les photographies de cette Voie lactée — plan médian de notre galaxie vue de la Terre — la tête et le bec de l'émeu sont constitués par une région sombre que les astronomes appellent le Sac de Charbon, tandis que son long cou est une bande étroite qui traverse la constellation du Centaure jusqu'à la constellation de la Règle. Les taches noires qui parsèment le Scorpion et le Sagittaire forment le corps de l'oiseau dont on aperçoit les longues pattes dans la constellation d'Ophiuchus...

Cet « émeu » est composé de vastes ensembles de nuages de gaz et de poussières qui affaiblissent l'éclat des étoiles situées à l'arrière-plan. La Voie lactée — notre galaxie — contient dans ses bras en spirales des milliers de concentrations de ce genre qui représentent près de 7 % de sa masse. Un grand nombre de ces nuages, de forme sphérique, sont relativement petits — d'un diamètre de deux à cinq cents fois celui du système solaire — et leur masse peut atteindre plusieurs centaines de fois celle du Soleil : ce sont les globules de Bok, qui donneront naissance à des étoiles de faible masse. D'autre part, on dénombre environ 5 000 nuages énormes s'étendant sur 70 à 250 années-lumière, dont les masses sont de cent mille à cinq millions de fois celle du Soleil. Ces objets obscurs, les plus gigantesques de la Voie lactée, constituent la pépinière galactique dans laquelle naîtront les étoiles massives de types spectraux O et B dont la durée de vie est relativement faible.

Ces dernières années, notre connaissance du milieu interstellaire s'est enrichie de nombreuses découvertes. Les astrophysiciens se sont aperçus que les nuages ne se composent pas seulement d'atomes, comme on l'a cru pendant longtemps, mais de molécules, premiers maillons d'une matière plus élaborée. Bien que l'hydrogène moléculaire (H_2) soit le plus abondant, on trouve des quantités non négligeables de molécules complexes dont une centaine — comme l'alcool (C_2H_5OH) — ont été identifiées. Encore faudrait-il traiter un volume égal à celui de Jupiter pour en extraire l'équivalent d'un verre. La découverte la plus importante réside peut-être dans le fait que la plupart de ces molécules sont organiques, c'est-à-dire des composés du carbone qui sont la base même de la vie sur la Terre.

Dans les années 1920, Arthur Eddington ainsi que d'autres avaient soupçonné l'existence de molécules dans le milieu interstellaire, mais cette hypothèse avait été écartée car on ne voyait pas comment des atomes si clairsemés pouvaient se rencontrer et s'unir dans l'immensité intersidérale. On pensait d'ailleurs à cette époque que le produit d'une telle rencontre serait bien vite dissocié par le rayonnement ultraviolet de haute énergie des étoiles chaudes ou les rayons cosmiques émis par de proches supernovae.

LES MOLÉCULES SE RÉVÈLENT

L'observation, comme il arrive souvent, vint contredire la théorie. En 1936, Walter Adams, alors directeur de l'observatoire californien du mont Wilson, étudiait avec Thodore Dunham le spectre de certaines étoiles jeunes de types O et B, au moyen du télescope de 2,50 m. Ils trouvèrent sur une série de spectrogrammes plusieurs raies d'absorption dont les longueurs d'onde n'avaient encore jamais été détectées dans les spectres stellaires. Âgé de trente-six ans, Adams était un observateur de talent et un spectroscopiste très apprécié ; il avait participé à la réalisation du télescope du mont Wilson et de celui de 5,08 m qu'avait conçu Hale pour le mont Palomar. L'analyse de ces clichés leur permit d'attribuer quatre de ces raies au sodium ionisé, au potassium neutre, au calcium neutre et au titane ionisé, dont on découvrait ainsi la présence dans l'espace interstellaire.

Adams et Dunham étaient cependant incapables d'identifier les autres raies, dont une à 4 300,3 angströms ainsi qu'une autre à 3 874,6 angströms. L'année suivante, une autre équipe de chercheurs suggéra que la première pourrait être celle du méthylidyne, molécule diatomique de carbone et d'hydrogène, éléments abondants dans l'espace. On n'avait cependant aucun moyen de vérifier cette hypothèse et le problème demeura entier pendant trois années.

C'est en 1940 que le chimiste Andrew McKellar, du Canada's Dominion Astrophysical Observatory de Victoria, en Colombie britannique, effectua en laboratoire des expériences qui indiquaient que certaines transitions moléculaires de faible énergie pouvaient engendrer des raies spectrales dans le violet et le proche ultraviolet. McKellar interprétait les deux raies découvertes par Adams et Dunham comme étant celles du méthylidyne (CH) à 4 300,3 angströms et du cyanogène (CN) à 3 874,6 angströms, et il prévoyait une raie à 3 934,5 angströms pour le sodium.

Dans les quelques années qui suivirent, on découvrit les raies d'absorption du méthylidyne neutre et ionisé dans le spectre de nombreuses étoiles très brillantes, de couleur bleuâtre, mais, malgré la présence affirmée de ces espèces chimiques, on continuait à considérer leur abondance dans l'espace comme non significative. Ces exemples, d'ailleurs, ne concernaient que des molécules diatomiques, très simples, dont on n'observait que des traces et dont on croyait que la durée de vie était faible. Il faudra attendre plus de vingt ans pour découvrir une autre molécule dans le cosmos.

Malgré cela, certains scientifiques considéraient comme très probable l'existence d'autres molécules interstellaires. La détection en 1951 de la raie à 21 cm de l'hydrogène neutre avait conduit le physicien Charles Townes et ses collègues de l'université Columbia à rechercher les traces de ces molécules dans les fréquences radio plutôt que dans les longueurs d'onde de la lumière. Encore fallait-il pour cela obtenir en laboratoire les fréquences de référence des molécules dont on présumait l'existence dans l'espace.

Originaire de Greenville, en Caroline du Sud, Townes était l'homme de la

Les chercheurs de molécules

La recherche des molécules interstellaires a entraîné les scientifiques dans un vaste jeu de piste dont les indices sont parsemés sur l'ensemble du spectre électromagnétique. Les premières traces furent relevées dans les longueurs d'onde de la lumière par Walter Adams et Thodore Dunham. Mais, pour progresser de façon décisive, il fallut attendre l'invention d'instruments capables d'en détecter d'autres dans l'ultraviolet, l'infrarouge et les ondes hertziennes ultra-courtes.

1936 Adams *(à droite)* et Dunham commencent leur recherche lorsqu'ils découvrent des raies d'absorption inhabituelles, qu'on attribua au cyanogène et au méthylidyne.

1953 Charles Townes conçoit le maser et obtient un intense faisceau d'ondes hertziennes ultra-courtes. Cette invention permit aux astronomes de découvrir les «masers cosmiques» situés dans les nuages moléculaires.

situation. Il avait suivi des cours de physique et de langues vivantes à l'université Furman, dont il sortit diplômé en 1935. Après avoir obtenu son doctorat de physique au California Institute of Technology (Caltech) en 1939, il travailla pendant la Seconde Guerre mondiale aux Bell Telephone Laboratories sur des systèmes radar fonctionnant dans les bandes centimétriques et millimétriques du spectre électromagnétique. L'intérêt qu'il manifesta pour les hyperfréquences lui donna une grande avance en radioastronomie et dans le domaine tout nouveau de l'électronique quantique.

En 1953, Townes et son équipe de Columbia réussissaient à mesurer les fréquences spécifiques du radical hydroxyle, et, deux années plus tard, ils communiquaient le résultat de leurs mesures pour l'ammoniac, le monoxyde de carbone et l'eau. Le radical hydroxyle, par exemple, produit quatre raies d'émission très proches dans la bande des longueurs d'onde de 18 cm, aux fréquences 1 612, 1 665, 1 667 et 1 720 MHz. (Le MHz, abréviation de méga-hertz, vaut un million de hertz, ce qui correspond à un million de cycles par seconde.) Comme il le notait à cette époque, la basse température à laquelle les molécules émettent des photons radio de faible énergie devait correspondre à celle de l'espace interstellaire. Les expériences de Townes révélaient d'autre part que les raies avaient des intensités différentes : celle à 1 667 MHz, par exemple, était deux fois plus forte que celle à 1 665 MHz.

La théorie ayant défriché le terrain, il ne manquait plus aux chercheurs que des outils adaptés à la détection de ces fréquences désormais connues.

1963 Alain Barrett *(ci-dessous, à gauche)* et Sander Weinreb, faisant appel à de nouvelles techniques d'analyse, découvrent la signature spectrale de l'hydroxyle.

1965 Harold Weaver ainsi qu'une équipe de Berkeley détectent des raies d'émission insolites. Plus tard, on les attribuera à un nuage de masers à hydroxyle.

1970 George Carruthers envoie des détecteurs dans l'espace : ceux-ci enregistrent les premières traces d'hydrogène moléculaire dans la longueur d'ondes des ultraviolets.

C'est une dizaine d'années plus tard, en 1963, que Sander Weinreb, Alan Barrett et leur équipe du MIT (Massachusetts Institute of Technology) mirent au point les techniques et les premiers équipements digitaux qui allaient permettre d'effectuer des analyses fines du spectre électromagnétique dans les fréquences des ondes hertziennes ultra-courtes. Cette année marqua le début d'une série de découvertes.

Pendant une dizaine de jours en octobre, l'équipe de Weinreb observa Cassiopée A, une puissante radiosource de la constellation de Cassiopée. Au moyen de l'antenne parabolique du radiotélescope de 25 m de Millstone Hill, observatoire du MIT, et du nouvel analyseur de spectre digital conçu par Weinreb, l'équipe détecta les raies d'absorption prédites en laboratoire pour l'hydroxyle (OH). D'après le décalage Doppler observé, le nuage de molécules se trouvait entre la Terre et Cassiopée, ce qui déclencha une multitude d'observations des radiosources de caractéristiques similaires. Et ce fut le début des surprises.

Deux ans après les découvertes de Weinreb, trois équipes d'astronomes américains observant les radiosources proches du plan galactique y détectèrent les raies d'émission de l'hydroxyle à 1 665 et 1 667 MHz. Les intensités relatives en étaient cependant inattendues : la raie à 1 665 MHz, dont l'amplitude aurait dû être deux fois plus faible que celle à 1 667 MHz, lui était trois fois supérieure. De plus, comme aucune raie n'était observable à 1 612 et 1 720 MHz, on ne pouvait assurer qu'il s'agissait de l'hydroxyle. À Berkeley,

1970 La collection des molécules interstellaires s'enrichit du monoxyde de carbone (révélateur au demeurant de l'abondance de l'hydrogène moléculaire), détecté dans l'infrarouge par trois ingénieurs des Bell Telephone Laboratories : Keith Jefferts *(ci-dessous, à droite)*, Robert Wilson *(au centre)* et Arno Penzias, qui montre une source de rayonnement du monoxyde de carbone sur une sphère céleste transparente.

1972 William J. Welch inaugure l'interféromètre de l'observatoire de Hat Creek dont les multiples antennes assurent la finesse de résolution des ondes millimétriques émises par de nombreuses molécules.

l'équipe de Harold Weaver, de l'université de Californie, manifestait une telle perplexité qu'elle parlait, en plaisantant à peine, de «mystère» à propos de ces raies d'émission. Comme cela devait arriver, les raies manquantes furent découvertes dans les cinq ans qui suivirent, tandis que les intensités anormales des raies connues demeuraient inexplicables. Tout se passait comme si les molécules OH étaient excitées par une source extérieure qui amplifiait leur rayonnement à des fréquences bien définies.

DU «MYSTÈRE»... AUX MASERS

Par un heureux hasard, comme cela arrive parfois dans le domaine de la recherche scientifique, les astronomes avaient déjà un modèle susceptible d'expliquer le phénomène: il s'agit du maser, mot composé avec les initiales de «Microwave Amplification by Stimulated Emission of Radiation» (amplification des micro-ondes par émission stimulée de rayonnement électromagnétique), inventé en 1952 par Charles H. Townes. (En 1964, celui-ci partagera le prix Nobel de physique avec les Soviétiques N.G. Bassov et A.M. Prokhorov qui, de leur côté, avaient imaginé un dispositif similaire.)

On raconte que Townes eut l'idée du maser un matin de 1951 alors que, assis sur un banc d'un parc de Washington, il réfléchissait à un problème de taille: comment obtenir un faisceau d'ondes hertziennes ultra-courtes et de forte intensité capable de fournir des images radar de haute définition? Les oscillateurs à quartz dans la gamme centimétrique existaient déjà, mais

1973 L'équipe de Patrick Thaddeus, de l'université Columbia, cartographie les émissions du monoxyde de carbone d'une région du nuage d'Orion environ trente fois plus large que le diamètre lunaire.

1975 S'appuyant sur les travaux de Lada *(à droite)*, Bruce Elmegreen, de Harvard, élabore une théorie sur la naissance des étoiles au sein de nuages moléculaires traversés par une onde de choc.

1985 Louis Allamandola, du NASA Ames Research Center, détecte des émissions dans l'infrarouge qu'il attribue à une nouvelle classe de molécules organiques complexes: les hydrocarbures aromatiques.

leur adaptation aux longueurs d'onde millimétriques posaient des problèmes de fabrication qui semblaient insurmontables. Il fallait trouver un autre moyen ! Et l'idée jaillit : pourquoi ne pas utiliser les molécules qui rayonnent à des fréquences précises lorsqu'elles changent de niveau d'énergie ?

En décembre 1953, Townes et son équipe de Columbia envoyèrent un faisceau de molécules d'ammoniac dans un champ électrique afin de les trier : celles qui avaient un niveau d'énergie supérieur demeuraient dans le faisceau, alors que celles de niveau inférieur en étaient éliminées. La pénétration dans un second champ électrique du faisceau ainsi filtré provoqua la transition simultanée de l'ensemble de ses molécules au niveau énergétique inférieur ainsi que l'émission d'un intense rayonnement de photons ayant la même fréquence : l'émission ainsi stimulée était amplifiée. Le premier maser terrestre était né et, à la connaissance de Townes, il était unique. Tout le monde ignorait alors que l'univers en était rempli.

Dans les années qui suivirent, les applications du maser se multiplièrent dans de nombreux domaines, à commencer par la radioastronomie, où il fut utilisé pour amplifier les faibles signaux reçus sans émettre lui-même un bruit parasite. On comprit alors très vite que l'émission de l'hydroxyle devait son intense rayonnement à une version naturelle du maser de Townes. Les observations confirmèrent bientôt que ces émissions provenaient surtout des régions à hydrogène ionisé H II, où existaient des étoiles jeunes, qui rayonnaient principalement dans l'infrarouge. Il devenait évident que les molécules OH étaient portées à un niveau supérieur d'énergie par ce rayonnement faisant office de « pompe », puis qu'elles émettaient des rayons amplifiés lors de leur retour simultané au niveau d'énergie initial *(pages 96-103).*

LES ANNÉES DÉCISIVES

Tandis que certains chercheurs s'efforçaient de mieux comprendre comment les molécules interstellaires amplifient leur rayonnement, des radioastronomes continuaient de capter les émissions radio du cosmos. C'est ainsi qu'en 1968 une équipe de Berkeley — dont faisaient partie Charles Townes, Albert Cheung, David Rank, Douglas Thornton et William J. Welch — identifia le rayonnement à 1,25 cm de l'ammoniac dans la constellation du Sagittaire, au moyen du radiotélescope de 6 m de Hat Creek, dans les nord des Cascade Mountains. La même équipe découvrit ensuite le rayonnement des molécules d'eau à 1,35 cm dans trois régions différentes du ciel : dans le Sagittaire, en direction du centre galactique, là où l'on avait trouvé de l'ammoniac, puis dans la direction de la nébuleuse d'Orion, ainsi que dans la constellation de l'Aigle. En 1969 enfin, un groupe de chercheurs qui travaillait à l'observatoire de Green Bank, en Virginie, porta à six le nombre de molécules identifiées dans le milieu interstellaire en découvrant du formaldéhyde dans quinze des vingt-trois sources qu'ils étudiaient.

La découverte du formaldéhyde, molécule organique plus complexe, était de première importance, car elle prouvait que les éléments de base de la vie terrestre existent dans le cosmos. On avait ainsi détecté dans les nuages interstellaires le rayonnement électromagnétique, aux fréquences radio, de trois des quatre éléments qui, d'après les théories, composaient l'atmosphère terrestre primitive: l'eau, l'hydrogène et l'ammoniac; mais on n'avait pas encore trouvé la trace du quatrième, à savoir le méthane. Il faut dire que son rayonnement — dans les longueurs d'onde de l'infrarouge — est plus facilement décelable en laboratoire que dans l'espace. (L'atmosphère terrestre, qui absorbe une bonne partie de l'infrarouge, ne laisse passer que l'infrarouge lointain: c'est lui seul que les radiotélescopes sont susceptibles de détecter.) Comme le formaldéhyde est chimiquement apparenté au méthane, sa présence dans l'espace conduisit de nombreux observateurs à penser que ce dernier devait être aussi abondant que le premier.

Les scientifiques durent bientôt accepter l'évidence: contrairement à ce qu'on croyait, non seulement les molécules complexes pouvaient être synthétisées au sein des nuages de gaz et de poussières interstellaires suffisamment denses, mais elles s'y trouvaient à l'abri de la force destructrice des rayons ultraviolets et cosmiques. Forts de cette nouvelle conviction, ils ne tardèrent pas à découvrir, dans la décennie suivante, l'hydrogène moléculaire ainsi que le monoxyde de carbone.

On avait, depuis quelque temps déjà, prédit l'existence de ces deux molécules. Dès 1959, Lyman Spitzer et Franklin Zabriskie, de Princeton, avaient suggéré de rechercher les raies d'absorption de l'hydrogène moléculaire dans les longueurs d'onde des rayons ultraviolets (UV) des spectres stellaires. Mais, comme l'atmosphère terrestre bloque la presque totalité des UV, l'observation dans ce domaine pose bien des problèmes. En 1970, cependant, George Carruthers, du Naval Research Laboratory, employa les grands moyens pour surmonter l'obstacle: il expédia hors de l'atmosphère ses détecteurs — un spectrographe et des photomètres UV — au moyen d'une fusée du type Aerobee-150, lancée depuis White Sands, au Nouveau-Mexique. Les instruments enregistrèrent une raie d'absorption très nette dans le spectre UV de l'étoile Xi Persei, dans la constellation de Persée. Les mesures montrèrent que près de la moitié de l'hydrogène observé le long de la ligne de visée était sous forme moléculaire, ce qui s'accordait bien avec la théorie.

Bien que l'expérience originale de Carruthers leur ait fait franchir une étape décisive, les astrophysiciens demeuraient dans l'embarras. D'une part, ils ne pouvaient guère songer à renouveler ce genre d'expérience — on ne lance pas tous les jours des fusées pour soutenir la recherche en astronomie! D'autre part, la molécule d'hydrogène étant symétrique, car composée de deux atomes identiques, elle n'émet aucun rayonnement dans le domaine des radiofréquences *(pages 66-67)*.

UNE FRUCTUEUSE COLLABORATION

Il fallait donc trouver une autre méthode pour évaluer la répartition de l'hydrogène moléculaire (H_2). C'est le monoxyde de carbone (CO) qui servit à résoudre le problème. Comme l'hydrogène est l'élément le plus répandu dans l'univers et que le carbone s'associe très couramment avec lui, les théoriciens estimaient que les molécules du monoxyde de carbone pouvaient cohabiter avec celles de l'hydrogène dans la proportion de 1 pour 1 000. Donc, si l'on pouvait mesurer l'abondance en CO, on aurait de ce fait une estimation de l'abondance en H_2. Par chance, la molécule de monoxyde de carbone est asymétrique et elle émet des rayonnements de différentes longueurs d'onde — infrarouges ou hertziens — selon les transitions d'énergie qu'elle subit; elle est donc relativement plus facile à détecter depuis le sol que celle de l'hydrogène.

En 1970, Robert Wilson, Arno Penzias et Keith Jefferts, des Bell Telephone Laboratories, couplèrent un récepteur digital d'un nouveau type à l'antenne parabolique de 10 m du National Radio Astronomy Observatory (NRAO), situé à 1 900 m d'altitude à Kitt Peak, en Arizona. Ils identifièrent immédiatement le rayonnement du monoxyde de carbone sur 2,6 mm, soit à la fréquence de 115 GHz, dans la direction d'Orion. (Le GHz, abréviation de gigahertz, vaut 1 000 MHz, soit un milliard de hertz.) Bientôt, d'autres équipes des laboratoires Bell, du NRAO et du Five College Observatory, près d'Amherst, dans le Massachusetts, pour ne citer qu'eux, trouvèrent du CO dans presque toutes les régions du ciel. Comme les astrophysiciens commençaient à s'en apercevoir, les molécules interstellaires ne sont pas éparpillées au hasard, ni même rassemblées en petits groupes. Elles forment au contraire de gigantesques nuages répandus dans tout l'espace.

Patrick Thaddeus, du Goddard Institute for Space Studies de New York, Kenneth Tucker et Marc Kutner, de l'université Columbia, confirmèrent l'existence d'un tel nuage en 1973 avec le radiotélescope de 5 m de l'observatoire McDonald. Thaddeus et son équipe travaillèrent pendant cinquante heures sur une région du ciel proche de la nébuleuse de la Tête de Cheval, dans la constellation d'Orion. Ils échantillonnèrent 150 points de la zone pour estimer son abondance en CO, et le résultat fut surprenant: ce nuage moléculaire semblait avoir une masse de 100 000 soleils et un diamètre de 100 années-lumière. Paradoxalement, la résolution du radiotélescope de McDonald était trop fine pour révéler les dimensions exactes de ce nuage.

En optique comme dans le domaine radio, le champ d'un télescope est d'autant plus réduit et sa résolution d'autant plus fine que son diamètre est grand. Le télescope de 5 m de McDonald avait une résolution de 2,3 minutes d'arc, ce qui, à la distance d'Orion, correspond à un objet dont le diamètre est d'une année-lumière. À raison de dix à quinze minutes par pose comme l'exigeait ce type d'instrument, il aurait fallu des années pour dresser la carte de l'ensemble du nuage: autant «peindre une maison avec un pinceau d'aquarelliste», dira plus tard Thaddeus.

Il fallait un pinceau plus gros, c'est-à-dire une antenne plus réduite, pour mieux couvrir les régions observées. Ils utilisèrent donc un radiotélescope de 1,20 m dont la résolution était de 8 minutes d'arc. Ce «mini», comme ils l'appelaient, leur permettait en outre de le consacrer uniquement à la recherche du CO interstellaire au lieu d'avoir à le partager pour l'exécution d'autres programmes comme cela eût été le cas avec le plus grand. Deux ans

La carte ci-contre de la vaste nébuleuse d'Orion révèle, coloriées en rouge, les zones denses dans lesquelles des étoiles sont peut-être en train de se former. Elle a été obtenue par une équipe utilisant une «mini-antenne» de 1,20 m de diamètre, installée au sommet d'un bâtiment de l'université Columbia *(ci-dessous, en haut)*. Patrick Thaddeus et ses assistants avaient commencé ce travail avec le radiotélescope de 5 m, à haute résolution, de l'observatoire McDonald *(en bas)*. Mais le champ étroit de cet instrument aurait exigé un temps d'observation beaucoup trop long. Taddeus se contenta donc de cartographier une région de 6 degrés carrés seulement du nuage d'Orion *(petit encadré, ci-contre)* avec l'antenne de 5 m, puis il poursuivit ses observations avec le petit radiotélescope, ce qui lui permit de mener à bien son ambitieux projet.

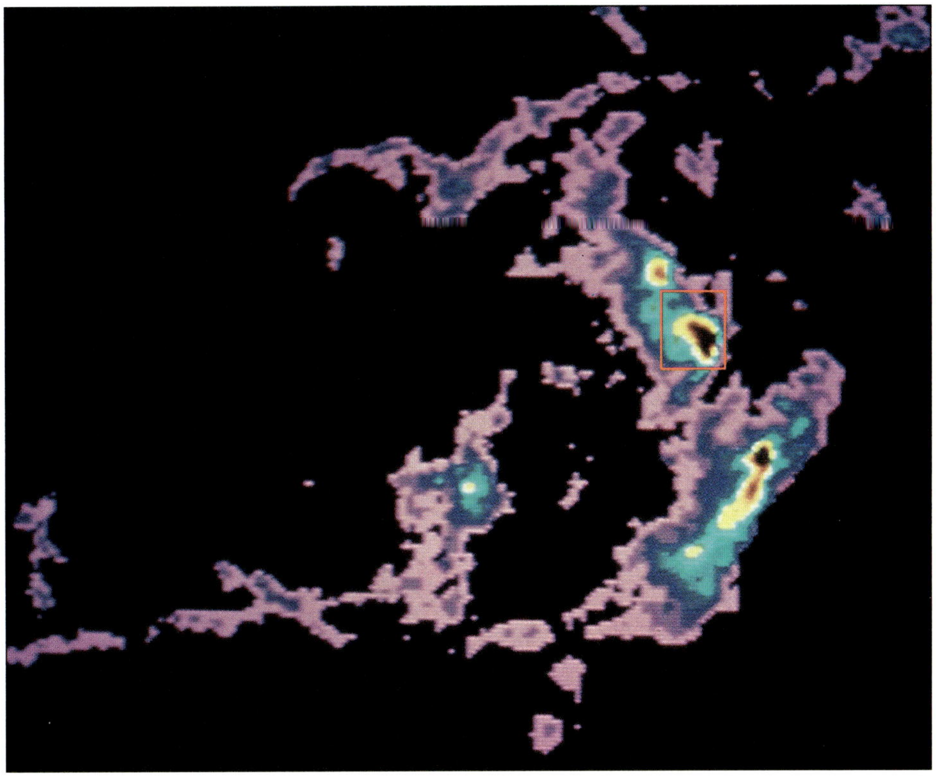

plus tard, Thaddeus installa son mini-télescope dans un endroit pour le moins inattendu: au quinzième étage du Pupin Physics Laboratory de l'université Columbia, au cœur de New York. Cette ville, comme toutes les métropoles modernes, est noyée dans un bain de lumière et d'interférences radio, et aucun astronome de profession, depuis cinquante ans, ne s'était risqué à y faire la moindre observation optique ou radioastronomique. Pourtant, à la longueur d'onde de 2,6 mm caractéristique de la signature du monoxyde de carbone, la ville était, aux dires de Thaddeus, «aussi calme que le jour ou Henry Hudson remonta le fleuve pour la première fois».

Pendant les cinq années qui suivirent, Thaddeus travailla sur la Voie lactée, ajoutant ses observations à celles effectuées par d'autres équipes. Comme il le dira plus tard: «Il y avait des nuages partout. Il devenait évident, après deux ans de recherches, que le CO était très répandu dans la Galaxie, comme probablement dans toute autre galaxie spirale.»

Tandis que le travail progressait, une réplique du mini-radiotélescope de New York fut installée en 1982 à Cerro Tololo, au Chili, pour cartographier la partie de la Voie lactée visible seulement depuis l'hémisphère Sud. Puis, quatre ans plus tard, Thaddeus et son équipe partirent pour le Harvard-Smithsonian Center for Astrophysics de Cambridge, dans le Massachusetts, avec leurs télescopes. Les deux instruments utilisaient une technique particulière dite de «super-faisceau»: au lieu d'effectuer un quadrillage point par point de la zone observée, à raison de cinq à dix minutes de pose par point, le télescope, piloté par ordinateur, explore un carré de quatre fois quatre points, en s'arrêtant de une à deux minutes sur chacun d'eux; l'ordinateur effectue alors la moyenne des mesures et l'affecte au carré observé. Cette méthode permet de couvrir une région donnée du ciel avec rapidité.

En 1988, les deux télescopes avaient effectué plus de 31 000 mesures, couvrant ainsi 7 700 degrés carrés, soit près de 20 % du ciel. L'utilisation d'un télescope de plus grand diamètre, comme celui de McDonald, aurait exigé plusieurs dizaines d'années pour effectuer une telle couverture.

Les résultats de cette cartographie montrent que la Galaxie comporte des milliers de nuages moléculaires dont la majeure partie se trouve dans son plan médian, formant un anneau situé entre 12 000 et 25 000 années-lumière du centre. Les plus volumineux d'entre eux ainsi que les étoiles et les nuages d'hydrogène atomique se développent en une spirale qui s'éloigne jusqu'à 50 000 années-lumière. Si l'on regarde vers le centre, dans l'épaisseur du plan galactique, celui-ci paraît enserré dans des nuages autour desquels les étoiles se répartissent comme les nœuds d'un filet.

LA GENÈSE STELLAIRE

La découverte et le relevé des nuages moléculaires durant ces vingt dernières années a fait surgir une série de questions auxquelles les astronomes s'efforcent de répondre. La première concerne bien sûr la formation de ces molécules. Pour les uns, elles sont simplement nées des collisions entre atomes au sein des nuages. Pour d'autres, elles résultent de l'union des atomes qui se sont fixés à la surface des poussières cosmiques *(pages 68-69)*, selon un processus favorisant la formation de molécules de plus en plus complexes.

Et les nuages eux-mêmes, comment se sont-ils formés, et quelle est leur dynamique? Frank Shu et son équipe de Berkeley pensent que les irrégularités du champ magnétique de la Galaxie donnent à la matière interstellaire une structure grumeleuse, ces «grumeaux» ayant ensuite tendance à se rassembler en nuages. D'autres disent que les forces de gravité sont suffisantes pour expliquer l'agrégation de cette matière, les collisions entre agrégats entraînant la formation de nuages de plus en plus vastes. Leur forme irrégulière donne à penser qu'ils sont relativement jeunes: ils n'ont probablement pas plus de 30 millions d'années, car, dans le cas contraire, ils auraient déjà acquis une forme plus sphérique sous l'effet de la gravité.

Malgré ces incertitudes, une chose est sûre: les nuages moléculaires participent étroitement au processus de formation des étoiles, phénomène auquel s'intéressait de près Charles Lada, de l'université de Tucson, en Arizona. Il étudiait à Harvard au début des années 1970, alors que le paysage moléculaire interstellaire commençait à prendre forme. La détection du monoxyde de carbone le remplit de joie. D'après lui, le CO était le véritable outil permettant d'étudier les nuages qui semblaient associés à la genèse stellaire. Lors de sa thèse en 1975, Lada entreprit de cartographier le monoxyde de carbone dans un nuage proche de la brillante nébuleuse Oméga, dans la constellation du Sagittaire. Ses découvertes apportèrent un début de réponse aux questions que l'on se posait sur la naissance des étoiles.

Lada utilisait le télescope de 5 m de l'observatoire McDonald, au Texas. Il s'attendait à trouver une distribution uniforme du monoxyde de carbone autour de cette nébuleuse, dont le caractère émissif laissait supposer qu'elle était le site de création d'étoiles à partir de ses nuages moléculaires. Il observa en fait tout autre chose. D'un côté de la nébuleuse, un amas d'étoiles de classes O et B brillait à travers de légères traînées de gaz ionisés par leur rayonnement intense, tandis que le monoxyde de carbone apparaissait de l'autre côté et s'étendait au loin dans l'espace. La nébuleuse ne se trouvait donc pas au sein du nuage mais formait plutôt une verrue à sa surface. Lada remarqua aussi des sources de rayonnement infrarouge dans les concentrations de CO, ce qui indiquait la présence de proto-étoiles.

«Les régions H II, les sources infrarouges et le nuage semblent être dans leur première jeunesse. Je pense qu'une onde de pression issue des régions H II est en train de traverser le nuage», expliqua-t-il. La pression de radiation provoquée par une génération d'étoiles semble engendrer la suivante, les naissances s'enchaînant comme les chutes dans un jeu de quilles. Cette idée n'était pas nouvelle; dans les années 1940, l'astronome d'origine arménienne Viktor Ambartsumian avait remarqué que certains amas d'étoiles jeunes et massives avaient l'aspect de feux d'artifice, tandis qu'en 1964 le Hollandais Adriaan Blaauw avait observé que, dans certains groupes, les étoiles étaient alignées par âges, les plus jeunes se trouvant à une extrémité et les plus anciennes à l'autre.

UNE PÉPINIÈRE D'ÉTOILES

La plupart des phénomènes les plus dynamiques qui animent l'univers — qu'il s'agisse de la naissance des étoiles ou de l'activité prodigieuse régnant au cœur de la Galaxie — échappent aux plus puissants des télescopes optiques. Sur la photo de gauche, par exemple, les taches qui obscurcissent la matière nébuleuse au voisinage de Rhô Ophiuchi *(étoile bleue, en haut)* ne donnent aucune indication sur leur rôle dans la genèse stellaire.

Il faut une autre sorte d'instruments, capables de déceler les formes les moins énergétiques du rayonnement électromagnétique — les ondes hertziennes et infrarouges — pour pénétrer les nuages de poussière et de gaz et, en étudiant leur structure, mieux comprendre les processus qui s'y déroulent. Ces nuages sont composés de plusieurs sortes de molécules dont chacune émet un rayonnement caractéristique ; en relevant ces émissions, les astrophysiciens peuvent dresser des cartes qui montrent la température, la densité et l'état de turbulence d'un nuage. On identifie ainsi dans les régions fertiles, comme celle se trouvant au voisinage de Rhô Ophiuchi, les différents stades de la genèse stellaire, depuis la condensation initiale des matériaux diffus jusqu'à la contraction critique provoquant les premières réactions thermonucléaires qui annoncent qu'une étoile est en train de naître.

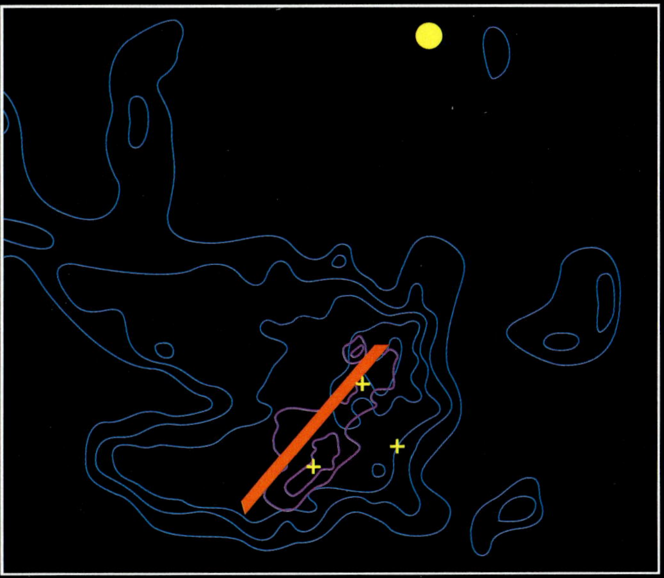

Courbes d'isodensité. Cette image radio représentant la région encadrée de la photo de la page précédente montre, sous forme de courbes de niveau de densité croissante, la distribution de deux isotopes du monoxyde de carbone dans le nuage proche de Rhô Ophiuchi *(tache jaune)*. L'un des isotopes *(en bleu)* émet des radiations provenant de tout le nuage, ce qui révèle sa forme d'ensemble ; l'autre *(en violet)*, que l'on ne détecte que s'il est fortement concentré, fait apparaître une région interne plus dense. Les zones de forte densité suggèrent l'existence d'un front de compression *(ligne rouge)* dû à une onde de choc — provenant peut-être d'une supernova — qui, en repoussant la matière environnante, l'aurait concentrée. Les sources infrarouges *(croix jaunes)* sont de nouvelles étoiles qui se forment après le passage de l'onde de choc.

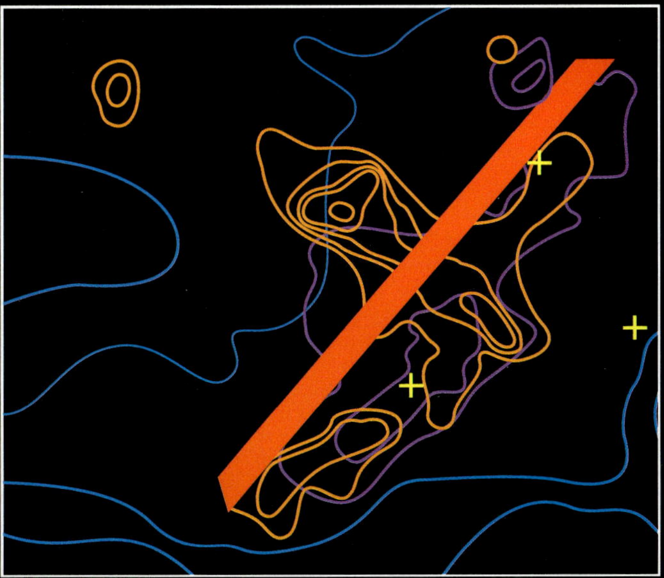

Le site potentiel de nouvelles étoiles. Sur une vue agrandie de la zone située au voisinage du front de compression se manifeste une autre sorte de molécules *(contours orange)* qui ne rayonnent en radiofréquences que lorsqu'elles s'accumulent en nuages denses et froids. À la différence du monoxyde de carbone *(en violet)* concentré par la surpression due à l'onde de choc provenant du coin inférieur droit, des régions de ce nuage avaient déjà une forte densité avant de subir cette surpression : on pense que le passage de l'onde de choc y précipite la formation de nouvelles étoiles.

SONDER LE CŒUR DE LA GALAXIE

Les nuages moléculaires abondent dans la Voie lactée, comme le montre la carte ci-dessous représentant l'émission du monoxyde de carbone tout au long du plan galactique. L'intensité croissante de cette émisson — en bleu, vert, jaune, rouge, puis blanc — lorsqu'on s'approche du centre y révèle l'importante concentration de ces nuages *(flèche)*. Certains supposent l'existence, au cœur de la Galaxie, d'un trou noir de quelques millions de masses solaires dont la gravité est telle que la matière et la lumière en restent prisonnières dans un rayon de plusieurs millions de kilomètres. Le seul moyen de confirmer la présence d'un tel objet est de déceler l'influence qu'il exerce sur son voisinage. Le voile de nuages moléculaires qui masque le noyau galactique détient la clé de ce secret.

Les meilleures informations nous sont données par les molécules de cyanure d'hydrogène (HCN) dont la répartition révèle la structure et la dynamique de ces nuages, ainsi que le montrent les deux cartes ci-dessous. Les vitesses orbitales et la distribution de l'HCN corroborent les hypothèses relatives à l'existence d'un trou noir au centre de la Galaxie.

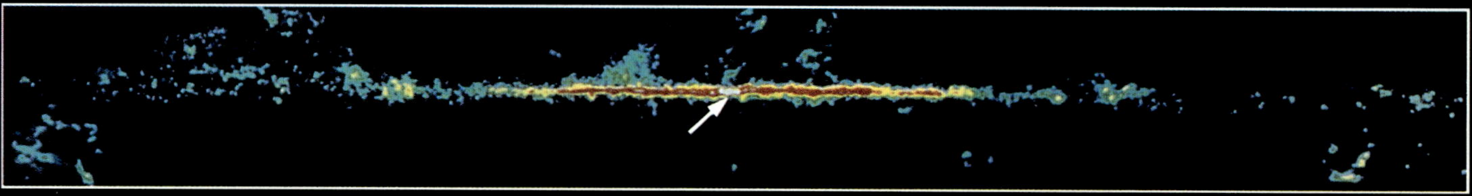

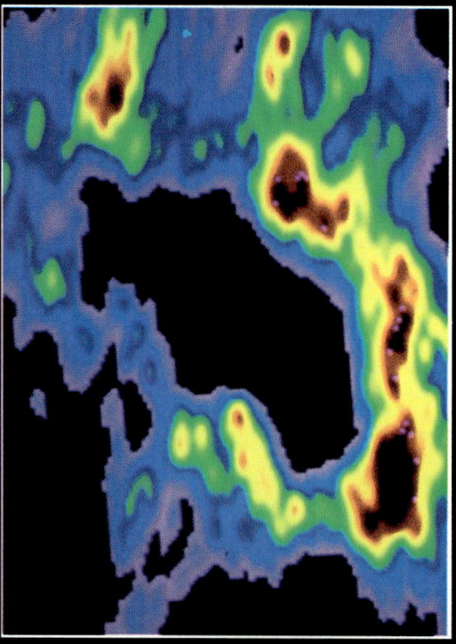

Une ceinture de nuages. Cette image codée *(ci-contre)* des émissions du cyanure d'hydrogène montre l'anneau de nuages moléculaires, de 15 années-lumière de diamètre, qui entoure le centre galactique *(flèche, ci-dessus)*. Les zones de faible densité sont en bleu et les plus denses en rouge. Son aspect irrégulier suggère une forte turbulence due peut-être à la mort d'une étoile ayant frôlé le trou noir qui occupe probablement le cœur de la Galaxie.

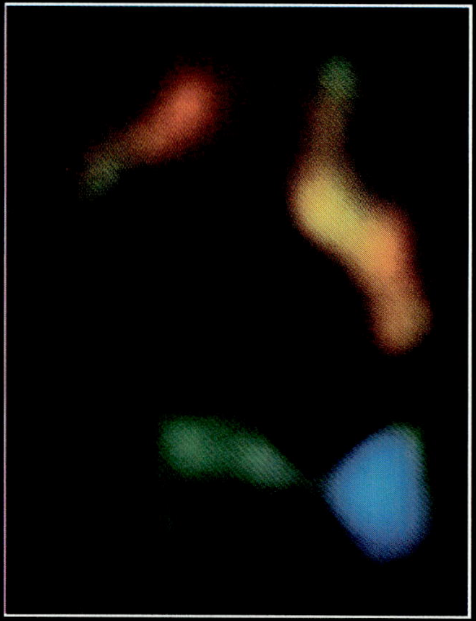

Des molécules en mouvement. Ici, la couleur code les vitesses d'éloignement *(rouge, jaune)* et de rapprochement *(bleu, vert)* des diverses parties de l'anneau par rapport à la Terre. Les mesures indiquent une vitesse de rotation de plus de 160 km/s. Le taux de décroissance de cette vitesse à partir du noyau galactique permet d'évaluer la masse de celui-ci à quelques millions de fois celle du Soleil.

L'ÉCLOSION D'UN BOUQUET D'ÉTOILES

La galaxie M 82, qui se trouve à 10,6 millions d'années-lumière, révèle son activité sur une très grande partie du spectre électromagnétique. Les images optiques, comme celle que l'on voit ci-dessous, montrent un disque irrégulier dont la population d'étoiles est fortement perturbée. Les observations dans l'infrarouge délimitent un noyau central peu étendu où se sont jadis formées de nombreuses étoiles massives, dont certaines sont devenues des supernovae. Les émissions radio de l'anneau de gaz moléculaires qui l'entoure confirment ce processus dynamique et permettent aux astrophysiciens d'en élaborer la théorie.

La pression à l'intérieur de ces nuages de gaz, estimée à partir de mesures de température et de densité reposant sur l'étude de deux sortes de molécules, est dix fois supérieure à celle des régions similaires de la Voie lactée, ce qui provoque sûrement l'éclosion d'étoiles massives dans l'anneau moléculaire. Les astrophysiciens pensent qu'une telle pression résulte de l'interaction gravitationnelle avec la galaxie voisine M 81 : les gaz de la périphérie de M 82 se seraient accumulés vers le centre, amorçant un épisode d'éclosion stellaire qui, à son tour, aurait entraîné la compression des gaz de l'anneau, visible sur les cartes radio.

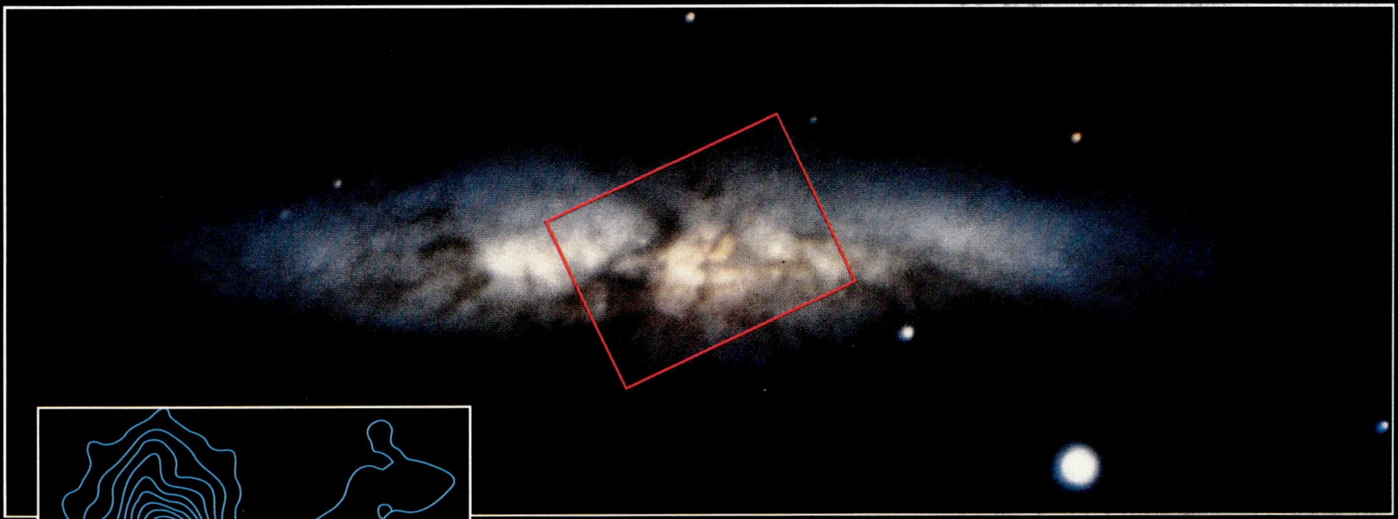

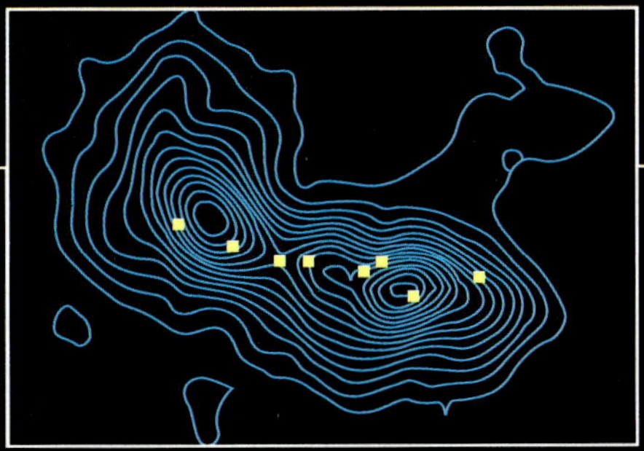

Un anneau de gaz chauds. La carte radio ci-contre du noyau de la galaxie M 82 *(encadré, ci-dessus)* présente les émissions de monoxyde de carbone dont l'intensité révèle un gaz moléculaire très chaud. Celui-ci forme un anneau qui, vu par la tranche, a l'aspect de deux lobes alignés sur des restes de supernovae *(carrés jaunes)* qui témoignent d'une ancienne activité stellaire.

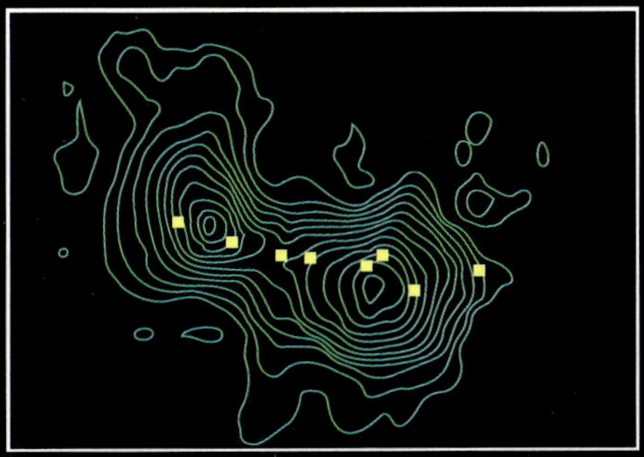

Un constituant dense. L'observation des ions formiques, qui ne rayonnent que lorsqu'ils sont à très forte densité, révèle la même structure d'anneau avec les mêmes restes de supernovae. Ces dernières ont dû apparaître d'abord au centre de l'anneau, échauffant et comprimant la bande de gaz périphériques au point d'y engendrer d'autres supernovae, le phénomène se propageant ainsi jusqu'à la lisière de l'anneau.

de cellules apportées sur Terre par les comètes et que les insectes pourraient bien être, en fait, des créatures d'origine extra-terrestre...

Bien que ces idées soient largement rejetées par la communauté scientifique, certains astronomes seraient cependant ravis de trouver des traces d'acides aminés dans l'espace. Ces chaînes moléculaires sont les éléments de base des protéines qui, elles-mêmes, sont les matériaux de la matière vivante. Des acides aminés ont été certes trouvés dans des fragments de météorites, mais beaucoup de scientifiques pensent qu'ils proviennent sans doute d'une contamination terrestre.

Jusqu'à présent, aucun acide aminé n'a été détecté dans les nuages moléculaires, et même si l'on faisait une telle découverte — beaucoup d'astronomes pensent que cela est possible — cela ne prouverait pas qu'il y ait une relation entre les molécules organiques de ces nuages et celles de notre planète. La plupart des scientifiques pensent en effet que, si des acides aminés se développaient au sein des gigantesques nuages moléculaires, ils seraient rapidement détruits s'ils venaient à sortir de leur «cocon» protecteur.

Toutefois, la recherche de molécules aussi complexes se poursuit, car elles offrent des perspectives infinies. Patrick Thaddeus, de Harvard, pense que «tout existe dans l'espace, où l'on peut trouver toutes les molécules prévues par la chimie». Thomas M. Bania, astronome à l'université de Boston, abonde dans ce sens et fait remarquer que les lois de la physique sont valables sur Terre comme aux confins du cosmos. «De même, dit-il, si l'occasion se présente dans l'univers, sa matière peut s'organiser en systèmes moléculaires organiques complexes et, comme nous le montre l'exemple terrestre, si ces systèmes se développent suffisamment, ils peuvent un jour aboutir à la pensée, se mettre à composer des poèmes et à bâtir des villes...»

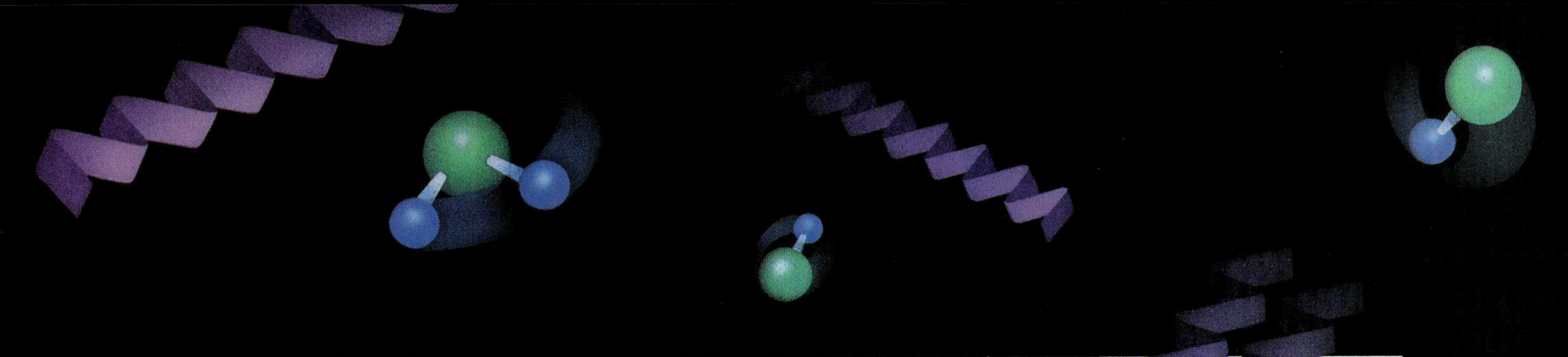

LES AMPLIFICATEURS MOLÉCULAIRES

Bien qu'une étoile puisse être, dans son jeune âge, une douzaine de fois plus chaude et massive que notre Soleil, il arrive qu'il soit impossible de l'observer dans le domaine optique parce qu'elle est noyée dans le gaz et les poussières qui lui ont donné naissance. Il existe heureusement d'autres moyens pour la détecter. En effet, le nuage «placentaire» qui enveloppe l'embryon d'une étoile est un milieu idéal pour la formation de diverses molécules. Quand celles-ci sont en nombre suffisant, elles peuvent, sous l'effet d'une excitation, acquérir un surcroît d'énergie qu'elles libèrent ensuite en émettant des ondes hertziennes ultra-courtes. C'est ce rayonnement qui permet de localiser les nouvelles étoiles.

Chaque type de molécule est identifié par les longueurs d'onde de son rayonnement — ce sont souvent des molécules très communes, comme l'eau (deux atomes d'hydrogène liés à un atome d'oxygène) ou l'hydroxyle (un atome d'hydrogène lié à un atome d'oxygène). Une forte densité moléculaire entraîne l'émission d'un rayonnement intense, amplifié plusieurs millions de fois par effet «maser», sigle formé par les initiales de «Microwave Amplification by Stimulated Emission of Radiation» (amplification des micro-ondes par émission stimulée de rayonnement électromagnétique). Le maser est analogue au laser, à cette différence que le premier amplifie des ondes invisibles alors que le second amplifie les ondes lumineuses.

Ces masers cosmiques sont bien plus puissants que ceux réalisés en laboratoire — le maser à eau de la constellation de l'Aigle, par exemple, émet une énergie équivalant au rayonnement électromagnétique solaire. Longtemps considérés comme une curiosité, ils sont désormais des outils de premier ordre pour l'astrophysicien qui recherche les étoiles naissantes ou qui cartographie le champ magnétique tourmenté de notre galaxie *(pages 102-103)*.

COMMENT FONCTIONNENT LES MASERS COSMIQUES

La remarquable propriété qu'ont les nuages interstellaires d'émettre des signaux s'explique par les lois de la physique quantique qui spécifie que les molécules — tout comme les atomes qui les constituent — peuvent avoir différents niveaux d'énergie. Dans leur état normal, elles sont au niveau le plus bas. Mais, dans certaines conditions, sous l'effet d'une excitation, elles acquièrent un surplus d'énergie, qui les fait vibrer ou tourner sur elles-mêmes plus rapidement. Les astronomes pensent que ce mécanisme de «pompage énergétique» résulte de collisions entre molécules — comme illustré ci-dessous à droite — ou du rayonnement qu'émettent les étoiles proches. Dans chaque cas, la molécule excitée absorbe un quantum spécifique d'énergie électromagnétique qu'elle restitue lorsqu'elle revient à son état initial, sous forme d'un photon dont la longueur d'onde est la même pour des molécules identiques subissant la même transition. Dans un nuage interstellaire, des milliards de molécules peuvent changer d'état énergétique simultanément et émettre ainsi un flux de photons de même fréquence et de même direction produisant les signaux amplifiés détectés par les radiotélescopes.

Ce processus est très actif dans une région fertile en étoiles nouvelles de la nébuleuse d'Orion (encadrée sur la photo de droite). Cette zone est lumineuse parce que l'énergie radiative d'étoiles arrivées à maturité a progressivement dissipé leur cocon de nuages moléculaires, dont elle a ionisé les atomes et ainsi excité le rayonnement propre. Mais entre ces zones brillantes se trouvent des taches sombres, riches en masers, ce qui donne à penser que de très jeunes étoiles y demeurent dissimulées.

Le cycle d'un maser cosmique commence par l'excitation des molécules. Dans le cas présent, celle-ci est due aux heurts entre les molécules d'hydrogène — les plus abondantes — et celles de l'eau. (L'hydrogène est en bleu, et l'oxygène de l'eau en vert.)

L'énergie de collision est absorbée par la molécule d'eau. Alors que celle de l'hydrogène perd de l'énergie, le niveau de la molécule d'eau s'élève, ce qui accroît sa vitesse de rotation.

La molécule d'eau rend cette énergie de façon spontanée, en émettant un photon *(violet)*. Quelques-unes reviennent à leur état initial, mais la plupart, telle celle illustrée ci-dessous, passent par un état intermédiaire, dit «métastable», et y restent relativement longtemps.

Lorsqu'un photon dépouille une molécule métastable de son énergie, celle-ci retombe à son état initial en émettant un photon de même longueur d'onde et de même direction que le premier. Tous deux rencontrent d'autres molécules métastables, ce qui renforce le maser.

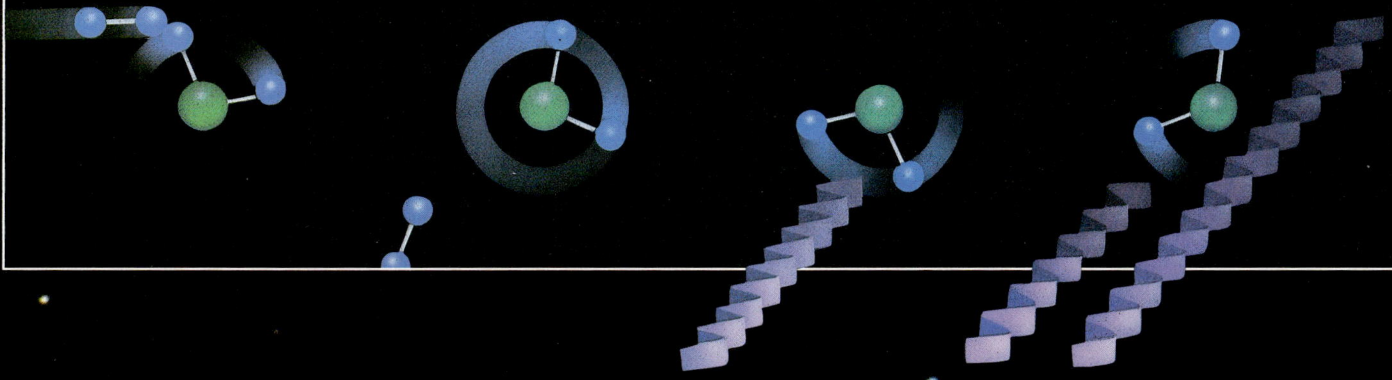

UN FOYER D'ÉMISSIONS MOLÉCULAIRES

Les masers les plus puissants de la nébuleuse d'Orion se situent à proximité d'un objet d'une énergie phénoménale, appelé IRc2 (abréviation de «infrared compact source n° 2»). Comme son nom l'indique, IRc2 révèle sa présence dans l'infrarouge lointain alors que le nuage de poussière et de gaz qui l'entoure empêche toute observation dans le domaine optique. Son rayonnement aux radiofréquences indique qu'il s'agit d'une étoile jeune et massive qui émet 100 000 fois plus d'énergie que le Soleil et dont la perte de masse est un milliard de fois plus rapide. La photographie infrarouge ci-contre (correspondant à la région encadrée de la page 96) montre une nébulosité rougeâtre en forme de papillon, dont les «ailes» sont des lobes de poussière échauffés par IRc2.

Grâce au rayonnement des masers qui abondent dans cette zone, les astrophysiciens ont pu faire un diagramme de l'activité moléculaire de l'environnement de IRc2. Ce diagramme, repris en cerné sur la photographie infrarouge, est représenté ci-contre. Un anneau de poussière contenant des molécules d'eau et d'hydroxyle entoure l'étoile. L'effet Doppler — variation apparente des longueurs d'onde d'un rayonnement lorsque sa source s'éloigne ou s'approche de l'observateur — révèle que cet anneau est en rotation autour de l'étoile dans le sens des aiguilles d'une montre. Les émissions des masers de sa partie droite sont de fréquence plus élevée (décalage vers le bleu) que celle de sa partie gauche (décalage vers le rouge), parce que les premiers s'approchent de nous tandis que les derniers s'en éloignent. De plus, des masers à eau s'échappent du centre de l'anneau et rayonnent de part et d'autre de son plan.

Les masers qui entourent IRc2 sont extraordinairement puissants. En 1985, par exemple, le rayonnement de l'un d'eux devint si intense qu'il perturba les observations des radiotélescopes dans un rayon de plusieurs degrés autour de IRc2.

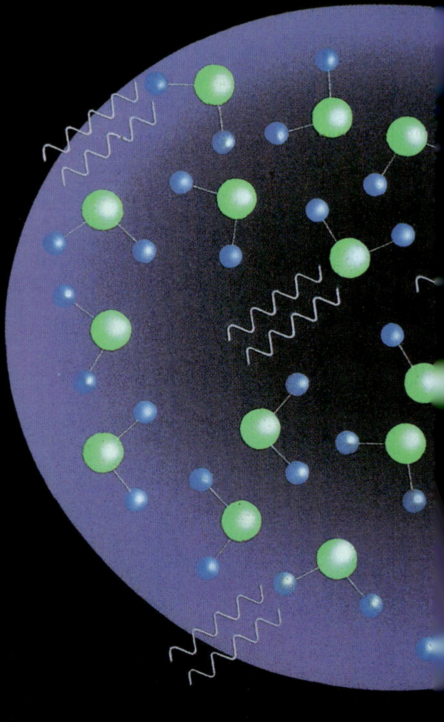

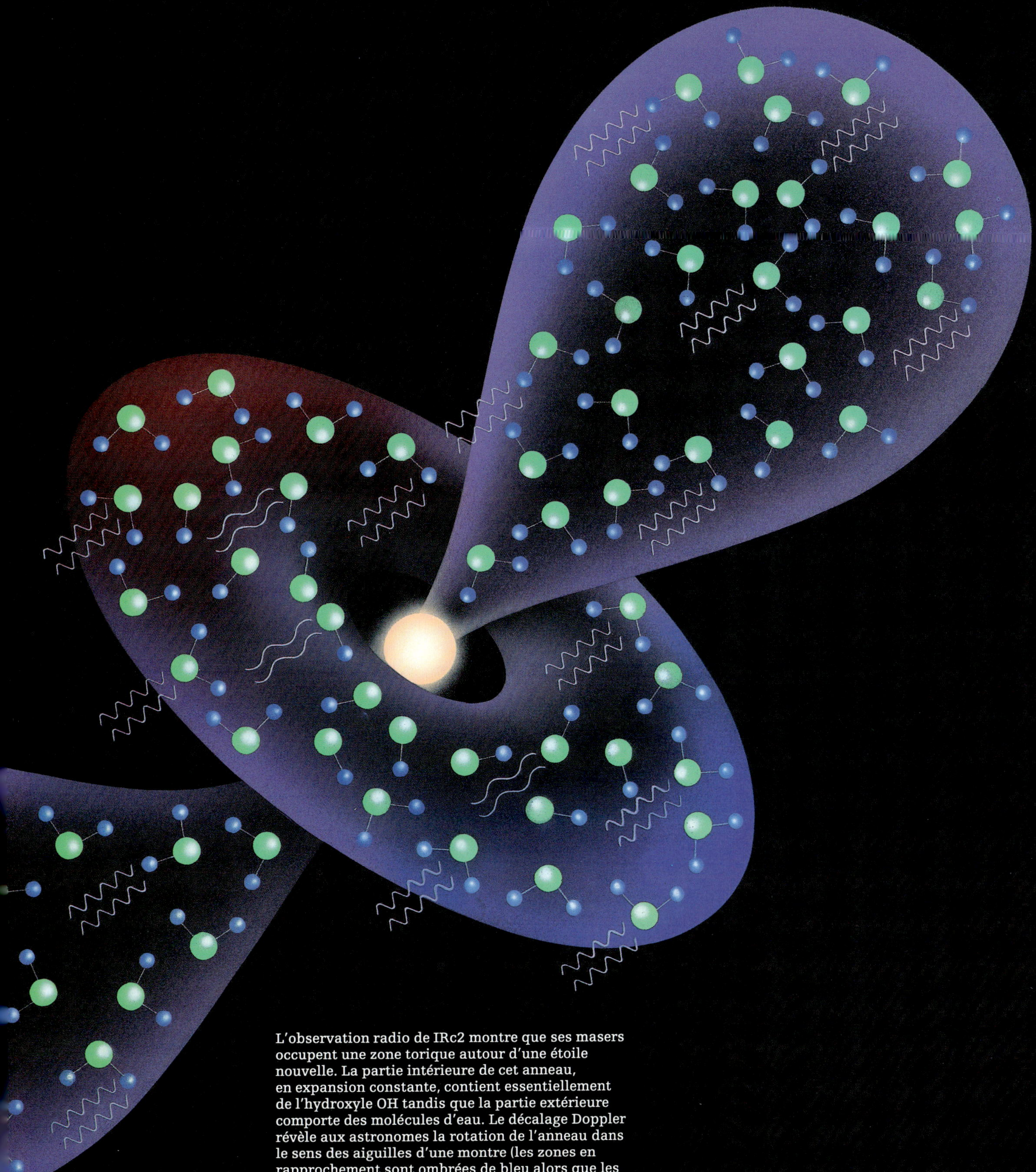

L'observation radio de IRc2 montre que ses masers occupent une zone torique autour d'une étoile nouvelle. La partie intérieure de cet anneau, en expansion constante, contient essentiellement de l'hydroxyle OH tandis que la partie extérieure comporte des molécules d'eau. Le décalage Doppler révèle aux astronomes la rotation de l'anneau dans le sens des aiguilles d'une montre (les zones en rapprochement sont ombrées de bleu alors que les zones qui s'éloignent sont ombrées de rouge). Des masers quittent à grande vitesse ce système le long de son axe de rotation.

UNE NOUVELLE MESURE DE L'ÉLOIGNEMENT

La mesure de plus en plus précise des distances qui nous séparent des étoiles et des galaxies est le souci constant des astronomes. Cette tâche, qui reposait sur l'évaluation de la luminosité intrinsèque des objets observés, était rendue difficile à cause de l'opacité de la matière cosmique. Cette difficulté est désormais levée grâce aux masers.

La méthode utilisée, détaillée dans l'encadré ci-dessous, repose sur le fait que les molécules qui font office de masers se déplacent au hasard dans tous les sens et que leurs mouvements peuvent être mesurés et comparés.

Pour évaluer la distance d'un nuage moléculaire, on choisit un ensemble de masers de ce nuage et on fait le graphique de deux variables: leur vitesse radiale (le long de la ligne de visée), révélée par l'effet Doppler, et leur vitesse tangentielle (perpendiculaire à la ligne de visée), mesurée en secondes d'arc par an.

Théoriquement, les graphiques obtenus devraient

LES RÉVÉLATIONS D'UNE LOI DE RÉPARITION

Si l'on pouvait placer un radiotélescope au sein d'un nuage moléculaire *(ci-dessus, à gauche)*, il relèverait les mêmes distributions statistiques pour les vitesses tangentielles *(violet)* et radiales *(rouge)* des masers moléculaires: leur représentation graphique donnerait une même courbe en forme de cloche. Or on observe que la distribution des vitesses tangentielles se resserre lorsque la distance augmente: plus le nuage est éloigné, plus l'angle correspondant au déplacement mesuré par le radiotélescope est faible. Comme la distance n'affecte pas la distribution des vitesses radiales, il suffit d'effectuer le rapport entre les largeurs des deux lois de répartition *(ci-dessus, à droite)* pour savoir où se trouve le nuage. Cette méthode requiert des mesures très délicates: il faut coupler, par liaison hertzienne, des radiotélescopes très distants les uns des autres afin d'obtenir la résolution la plus fine possible. Pour apprécier, par exemple, l'éloignement d'une galaxie spirale proche de la nôtre, les astronomes mesurent les mouvements angulaires de masers qui se déplacent dans le ciel de cinq millionièmes de seconde d'arc par an, ce qui correspond à la largeur d'un cheveu vu à une distance de 4 000 km!

toujours être identiques, puisque les mouvements propres des molécules sont également répartis dans toutes les directions. Mais, en fait, la répartition des vitesses tangentielles se rétrécit lorsque la distance qui sépare l'observateur du nuage observé augmente. Cela résulte d'un effet de perspective : un objet de vitesse linéaire donnée présente une vitesse angulaire apparente d'autant plus faible qu'il est plus éloigné. Cet effet est essentiel pour l'astronome qui peut alors évaluer l'éloignement d'un nuage en comparant les écarts entre ses vitesses radiale (non affectée par la distance) et tangentielle.

La validité de ce procédé a été confirmée avec les masers de la nébuleuse d'Orion dont la distance a été estimée à 1 600 années-lumière, résultat qui concorde avec ceux obtenus par d'autres méthodes. Une technique voisine fut alors appliquée aux émissions de masers situés près du centre galactique *(encadré noir, ci-dessous)*. La distance obtenue (environ 23 000 années-lumière) est un repère important qui permet de déterminer la masse de la Voie lactée et d'évaluer la distance qui nous sépare des autres galaxies, préliminaires essentiels à l'estimation de la dimension et de l'âge de l'univers.

Le champ magnétique et les masers

Jusque récemment, les champs magnétiques interstellaires furent quasiment ignorés des astronomes. Ils étaient difficiles à cartographier et l'on se perdait en conjectures sur leur importance. On est aujourd'hui convaincu de l'influence qu'ils exercent sur la matière et le rayonnement cosmiques, et on sait les étudier grâce, en partie, à une nouvelle technique qui fait appel aux masers cosmiques.

Cette méthode repose sur l'effet Zeeman : un champ magnétique a la propriété de fractionner la raie d'émission simple du spectre d'une molécule en multiplets de raies spectrales dont les longueurs d'onde sont très voisines. Un maser qui rayonne au sein d'un champ magnétique sera donc détecté par plusieurs signaux dont les fréquences sont très proches de la

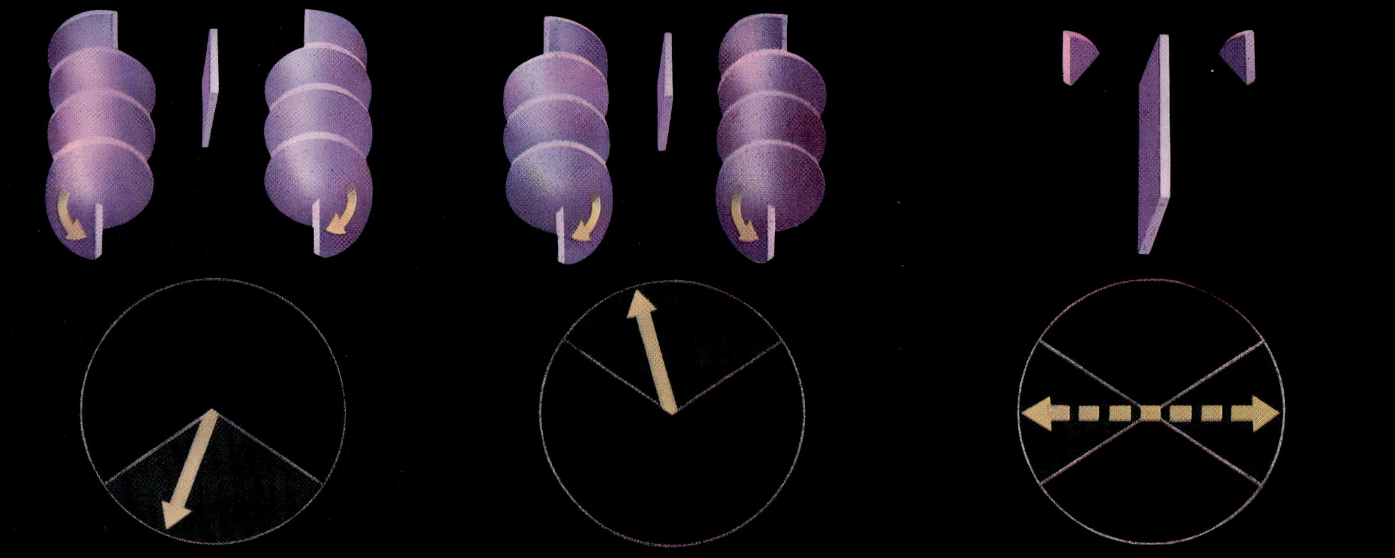

Pour cartographier un champ magnétique, les astronomes comparent les fréquences des signaux polarisés qui le traversent. Ici, celui de droite *(spirale dans le sens horaire)*, a une fréquence plus élevée que celui de gauche ; leurs amplitudes sont fortes relativement au signal du centre. À partir du comportement des molécules émettant de la lumière dans un champ magnétique, les chercheurs peuvent conclure que le pôle Nord du champ pointe vers la Terre.

Dans cet exemple, la fréquence du signal d'un maser polarisé circulairement à droite *(sens horaire)* est inférieure à celle du signal polarisé à gauche (les deux spirales sont inversées pour refléter ce décalage). Cela signifie que c'est le pôle Sud du champ magnétique qui pointe vers la Terre. Plus les signaux polarisés circulairement sont forts par rapport aux signaux à polarisation linéaire, plus les lignes de champ sont parallèles à la ligne de visée de l'observateur.

Lorsque la composante polarisée linéairement des signaux est plus forte que ses deux composantes polarisées circulairement, les lignes du champ magnétique sont approximativement perpendiculaires à la ligne de visée : elles occupent les secteurs ombrés du schéma. Lorsque la proportion de polarisation circulaire est très faible, on ne peut déterminer l'orientation des lignes de champ et on ne sait donc pas dans quel secteur se trouve le pôle Nord.

fréquence unique que l'on aurait reçue en l'absence de champ. Les masers à hydroxyle sont l'exemple le plus probant de ce phénomène ; ils donnent un triplet qui se prête bien à l'analyse *(encadré ci-dessous, à gauche)*. Les polarisations circulaires des émissions correspondant aux deux raies latérales sont opposées, ce qui signifie qu'elles se propagent en spirale autour des lignes de champ magnétique, dans le sens des aiguilles d'une montre pour l'une et dans le sens inverse pour l'autre (ce que l'on détermine au moyen d'analyseurs sélectifs de l'un ou l'autre de ces deux modes). La polarisation de l'émission centrale est linéaire : l'onde oscille dans un plan. L'analyse fine des fréquences et de l'intensité des raies du multiplet permet de connaître l'orientation et la force du champ magnétique qui polarise le rayonnement du maser.

Les radioastronomes étudient ainsi les masers qui occupent les régions riches en nouvelles étoiles afin de mieux comprendre la relation qui existe entre le magnétisme et la genèse stellaire *(ci-dessous)*.

4/LA MATIÈRE INTERGALACTIQUE

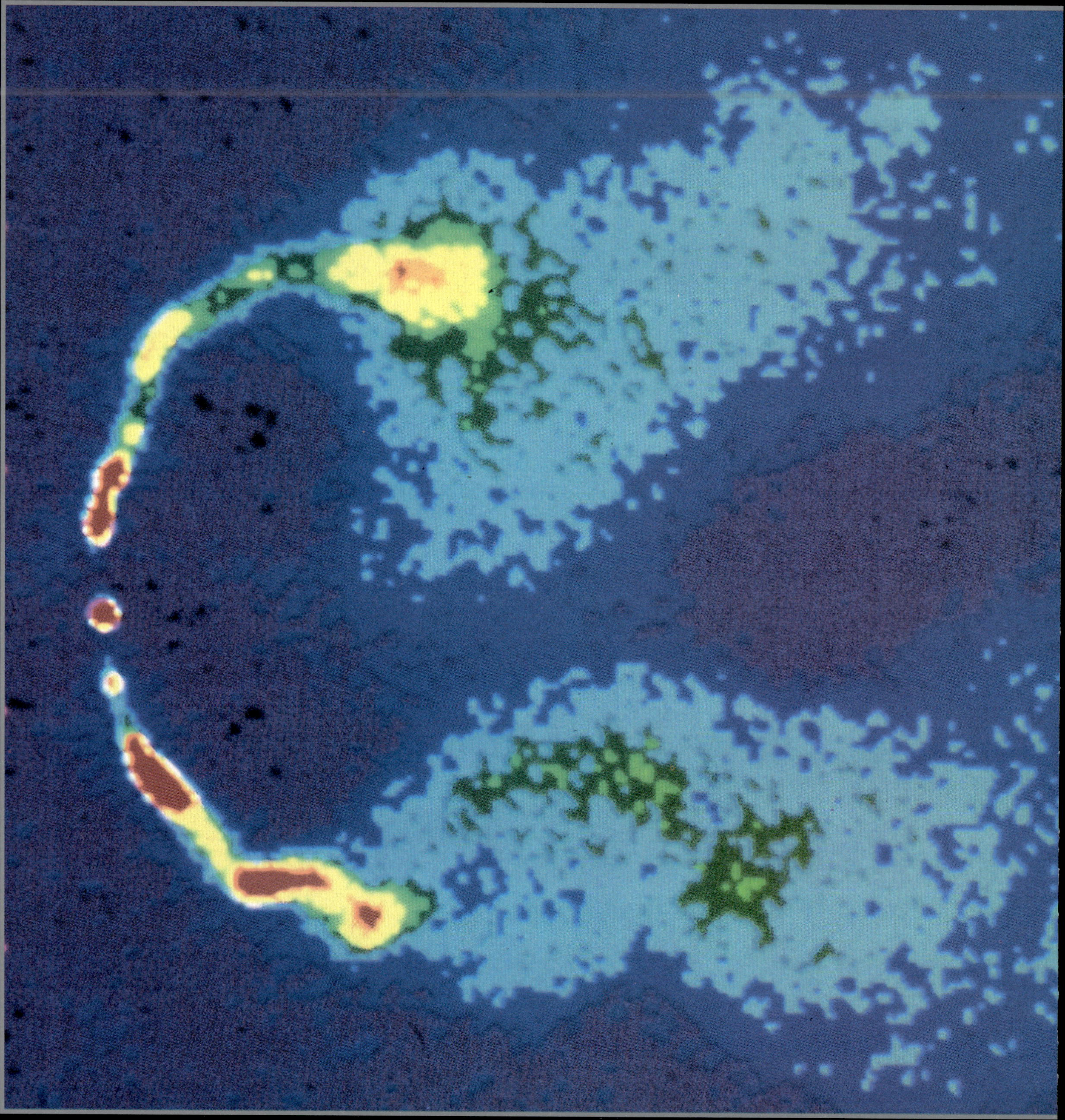

Les émissions radio de NGC 1265 donnent aux astronomes la preuve directe de l'existence du milieu intergalactique. Tandis que cette galaxie tourne autour du centre de l'amas de Persée à 1 900 km/s, le plasma qu'elle déverse rencontre sur son chemin un obstacle invisible : un océan de gaz diffus, ce qui produit derrière elle des traînées ressemblant à une chevelure flottant au vent.

En même temps que, dans les années 1930, toutes les observations confirmaient l'existence d'une matière interstellaire, Jan Oort, de l'observatoire de Leyde, tentait de lever un secret qui se révélerait être d'une importance considérable. En 1932, poursuivant ses premiers travaux sur la rotation d'ensemble de la Voie lactée, il essayait d'évaluer la masse qui occupait un volume déterminé autour du Soleil. Sa méthode reposait sur les principes fondamentaux de la dynamique stellaire et de la gravitation. Les étoiles qui tournent autour du centre de la Galaxie tendent à s'écarter de son plan médian tandis que l'attraction gravitationnelle des étoiles proches de ce plan tend à les y ramener. Plus l'étoile s'en éloigne, plus sa vitesse est grande quand elle y revient, si bien qu'elle le traverse, oscillant ainsi lentement de part et d'autre du plan galactique. Oort étudiait le décalage Doppler des raies d'absorption spectrales de ces étoiles afin d'estimer leur vitesse et de mesurer les forces auxquelles elles étaient soumises, ce qui permettait ensuite d'évaluer la masse à l'origine de cette attraction.

Le résultat fut plutôt surprenant: Oort trouva une différence sensible entre la masse qu'il avait calculée pour la région observée et la somme des masses individuelles des étoiles, estimée d'après la relation masse-luminosité (M-L). Pour établir celle-ci, il a fallu étudier un grand nombre de systèmes binaires: on a d'abord déterminé la masse de chacune des étoiles du couple d'après l'attraction gravitationnelle qu'elle exerce sur son compagnon, puis on a mesuré son éclat. On a ainsi obtenu une courbe qui peut être utilisée pour évaluer la masse d'une étoile simple quand seule sa luminosité est connue. Les astronomes ont choisi une référence: il s'agit du Soleil, à qui ils ont attribué arbitrairement un rapport M-L égal à 1. Celui d'étoiles de faible luminosité, comme les naines blanches, de masse équivalente à celle du Soleil, peut être de plusieurs centaines. Les études de Oort suggéraient qu'il se trouvait dans la Galaxie deux fois plus de matière que ne le laissait prévoir la relation masse-luminosité. Autrement dit, une quantité considérable de matière était invisible.

Cette découverte n'était pas entièrement nouvelle. Une dizaine d'années plus tôt, l'Anglais sir James Jeans et Jocobus Kapteyn, disciple de Oort, avaient déjà observé une telle divergence entre des masses évaluées à partir des vitesses stellaires et celles résultant de la relation M-L. D'ailleurs, Oort n'était pas très étonné; comme la plupart de ses contemporains, il pensait que le déficit provenait d'étoiles modestes de faible éclat, échappant aux télescopes, et de nuages diffus de gaz interstellaires dont on observait les raies d'absorption stationnaires dans les spectres stellaires : lorsqu'on en saurait davantage sur ces étoiles et le milieu interstellaire, la divergence devrait disparaître d'elle-même, croyait-il.

Un an plus tard, cependant, Fritz Zwicky, du Caltech, qui effectuait une étude analogue à l'observatoire du mont Wilson, trouvait des anomalies encore plus importantes en examinant l'amas de la Chevelure de Bérénice, vaste ensemble de galaxies situé à 400 millions d'années-lumière. Il comporte des milliers de grands systèmes stellaires en interaction gravitationnelle tournant autour d'un centre de gravité commun.

Tout comme l'avait fait Oort avec les étoiles de la Voie lactée, Zwicky mesura les vitesses orbitales de 800 galaxies et calcula la masse globale susceptible de les maintenir en orbite. Puis il fit la somme des luminosités des galaxies pour en déduire leur masse totale au moyen de la relation M-L : celle-ci était de 10 à 100 fois plus faible que celle précédemment obtenue.

À la différence de Oort, que ces anomalies ne troublaient pas outre mesure, Zwicky fit grand cas de ses résultats en déclarant qu'il y avait «plus de matière obscure que de matière visible, tout au moins dans l'amas de la Chevelure de Bérénice». Comme cela contredisait l'idée généralement admise que la majeure partie de la matière de l'univers était rassemblée dans les étoiles, nombre d'astronomes réfutèrent les résultats de Zwicky, qu'ils attribuèrent à des erreurs de mesure.

Le fait que les observations de Jan Oort suggérant l'existence de matière

Deux jets de gaz apparaissent sur les isocontours des émissions radio de NGC 1265 *(pages 104-105)*. Ils forment une double traîne qui s'étend sur 300 000 années-lumière derrière la galaxie *(flèche rouge)*. Ils ont été déviés par la pression du gaz extrêmement chaud qui imprègne le milieu intergalactique de l'amas de Persée.

invisible dans la Voie lactée aient été largement acceptées alors que les conclusions de Zwicky sur les amas de galaxies furent balayées d'un revers de main s'explique mieux si l'on compare les personnalités des deux hommes plutôt que leurs travaux. Zwicky, qui fut professeur au Caltech de 1925 à sa mort, en 1974, était un personnage souvent caustique qui aimait cultiver la controverse. Il avait pour habitude d'émettre des théories audacieuses — à partir de ses propres travaux ou de ceux des autres — qui heurtaient la plupart de ses confrères, et il faisait preuve d'un si mauvais caractère que l'accès aux télescopes du mont Wilson et du mont Palomar lui fut souvent refusé. Il effectua donc une grande partie de ses travaux avec un télescope

La recherche intergalactique

L'idée qu'il existe une matière intergalactique résulte de la découverte d'une anomalie : les étoiles qui forment une galaxie n'ont pas une masse d'ensemble suffisante pour expliquer les mouvements observés. L'utilisation d'instruments de plus en plus performants permit aux chercheurs de déceler des nuages de gaz non seulement entre les galaxies des amas, mais entre les amas eux-mêmes. Cependant le problème de la « masse manquante » reste entier.

1932 Jan Oort étudie le mouvement des étoiles de la Voie lactée et trouve que leur masse calculée d'après leur luminosité est trop faible de moitié pour pouvoir justifier leurs vitesses orbitales.

1933 Fritz Zwicky découvre que le défaut de masse dans l'amas de la Chevelure de Bérénice est plus marqué que dans la Voie lactée : il en déduit l'existence d'une matière « obscure ».

1965 Bruce Peterson *(à droite)* et James Gunn cherchent les raies d'absorption Lyman-alpha dans le spectre des quasars pour déceler la présence d'hydrogène neutre, mais ils ne les trouvent pas.

de 45 cm d'ouverture. Malgré ce handicap, il apporta une importante contribution dans plusieurs domaines tels que l'étude des étoiles à neutrons — c'est lui qui inventa cette appellation — ou la distribution à grande échelle des galaxies dont il établit un catalogue pour l'hémisphère Nord, recensant quelque 10 000 amas.

L'un de ses confrères prit cependant très au sérieux les déclarations de Zwicky; il s'agit de Sinclair Smith, un physicien originaire de Chicago qui obtint son doctorat au Caltech et conçut divers types d'instruments pour le laboratoire de physique et le télescope du mont Wilson. En 1936, Smith trouva pour l'amas de la Vierge une divergence de masse comparable à celle qu'avait trouvée Zwicky pour la Chevelure de Bérénice. Malheureusement, il mourut d'un cancer deux ans plus tard et personne ne poursuivit ses investigations. À cette époque, les astronomes pensaient simplement qu'il fallait améliorer les performances des instruments pour pouvoir identifier cette «matière sombre» — ainsi appelée parce qu'elle fut détectée par ses effets gravitationnels et non par ses manifestations électromagnétiques.

Malgré cet intérêt peu marqué pour le sujet, celui-ci fut vite étroitement associé aux idées qui émergeaient sur l'origine et l'avenir de l'univers. En 1929, l'astronome américain Edwin Hubble, qui travaillait au mont Wilson, avait montré que des nébuleuses aux formes floues, considérées jusque-là comme appartenant à la Voie lactée, étaient en fait des galaxies très éloignées de la nôtre. De plus, ces systèmes stellaires nous fuyaient avec une

1966 Margaret Burbidge trouve des raies d'absorption d'éléments lourds dans le spectre d'un quasar et conclut que le gaz absorbant est associé au quasar plutôt que d'origine intergalactique.

1969 Lyman Spitzer *(à droite)* et John Bahcall expliquent que les raies d'absorption d'éléments lourds dans le spectre des quasars sont dues aux halos gazeux entourant certaines galaxies.

1969 Vera Rubin et Kent Ford découvrent que les étoiles situées à la périphérie des galaxies spirales tournent plus vite que prévu et en déduisent que celles-ci sont entourées de matière invisible.

vitesse directement proportionnelle à la distance qui nous en sépare. Selon Hubble, l'univers était en expansion uniforme dans toutes les directions, en raison de sa naissance explosive — connue sous le nom de «big bang» — il y a quelque 18 milliards d'années.

La théorie de l'expansion de l'univers (qui s'oppose à celle d'un univers stationnaire restant en moyenne toujours semblable à lui-même) pose la question fondamentale de son avenir. On peut très bien penser que l'univers est «ouvert», c'est-à-dire qu'il se dilatera indéfiniment, ou bien qu'il est «fermé» et qu'après une phase d'expansion limitée dans le temps il se recontractera sur lui-même. Tout dépend, en fait, de la quantité de matière qu'il renferme. On estimait, au début des années 1930, que sa densité critique — valeur au-delà de laquelle il serait fermé — était de l'ordre de 2×10^{-29} gramme par centimètre cube, soit environ dix atomes d'hydrogène par mètre cube. Or, à la fin de la décennie, on avait établi que la matière visible, c'est-à-dire l'ensemble des étoiles, avait une densité de 2×10^{-31} gramme par centimètre cube, ce qui ne représente qu'un centième de la densité critique. Les cosmologues parlent donc du problème de la «masse manquante» de l'univers parce que la théorie de la relativité générale d'Einstein prédit que, si l'univers a une densité supérieure à la valeur critique, son expansion sera ralentie puis stoppée par les forces gravitationnelles s'exerçant entre les galaxies : celles-ci étant suffisamment nombreuses, leur attraction peut l'emporter sur leur fuite et, finalement, les faire se rapprocher les unes des autres...

1971 Roger Lynds attribue les «forêts Lyman-alpha» dans le spectre des quasars à des nuages d'hydrogène neutre, première preuve d'existence de matière intergalactique.

1971 Herbert Gursky découvre, grâce au satellite *Uhuru*, les émissions de rayons X provenant des gaz ionisés très chauds occupant les espaces intergalactiques des amas.

1973 Jeremiah Ostriker *(à droite)* et James Peebles confirment par simulation sur ordinateur les calculs de Rubin et de Ford : les galaxies spirales sont bien entourées d'une matière obscure.

INTERACTIONS GALACTIQUES

Vers 1935, alors que les scientifiques commençaient seulement à entrevoir l'ampleur du problème, Zwicky maintenait ses thèses. Bien que poursuivant des recherches très diverses, il continuait à explorer cette question de la matière obscure. Dans un article publié en 1937, il suggérait que les galaxies groupées en amas sont suffisamment rapprochées pour s'attirer mutuellement, ce qui peut entraîner des collisions. Celles-ci mettraient en jeu des forces gravitationnelles assez puissantes pour expulser de la poussière et des gaz hors de leurs systèmes stellaires et les projeter dans l'espace alentour. Une quantité importante de matière pourrait ainsi être dispersée entre les galaxies et constituer une masse suffisant à stabiliser leurs mouvements.

Quinze années plus tard, en 1952, Zwicky communiquait les résultats d'une étude approfondie des galaxies de l'amas de la Chevelure de Bérénice, entreprise au mont Palomar avec un nouveau télescope de 1,20 m d'ouverture. En examinant ses propres clichés ainsi que ceux obtenus dans le même observatoire avec le puissant télescope de 5,08 m conçu par Hale, il découvrit de fines traînées de matière, longues de dizaines de milliers d'années-lumière, qui formaient des sortes de ponts entre les galaxies. Il en déduisit que ces ponts étaient les vestiges de rencontres galactiques. Cette découverte incita nombre de ses confrères à effectuer d'autres recherches concernant les interactions galactiques.

Alors que les études sur le sujet se développaient au cours des années 1950

1976 Peter Serlemitsos *(à droite)* et R. Mitchell détectent, chacun de leur côté, du fer ionisé dans les amas de galaxies, ce qui indique que leurs gaz sont le produit de l'évolution stellaire.

1980 Wallace Sargent étudie systématiquement les forêts Lyman-alpha et découvre que les nuages intergalactiques sont composés en majeure partie d'hydrogène ionisé.

1983 Stephen Schneider découvre un nuage dense et très vaste d'hydrogène neutre, éloigné de toute galaxie. Il l'étudie et déduit qu'il est probablement composé de gaz primitifs.

et 1960, des centaines de galaxies dites irrégulières — systèmes stellaires munis d'appendices divers appelés antennes, queues, aigrettes ou ponts — étaient répertoriées dans des catalogues. Les modèles créés sur ordinateur à partir des années 1970 vinrent appuyer les conjectures de Zwicky: de nombreuses galaxies irrégulières, munies de queues ou de ponts, pouvaient être obtenues en simulant des interactions entre galaxies régulières. Une dizaine d'années plus tard, on allait découvrir que la Voie lactée elle-même est en interaction avec deux galaxies voisines: le Grand Nuage et le Petit Nuage de Magellan, ce qui crée entre elles le courant de Magellan, longue traînée gazeuse composée essentiellement d'hydrogène neutre.

À l'époque où Zwicky énonçait ses premières hypothèses concernant l'espace intergalactique, la communauté astronomique demeurait sceptique quant à l'existence d'une matière quelconque hors des galaxies. Mais Jan Oort étaya indirectement cette idée en 1960, lorsqu'il reprit l'étude des mouvements des étoiles voisines du Soleil qu'il avait effectuée en 1932. (Entretemps, l'utilisation de télescopes de plus en plus puissants avait permis d'observer des étoiles trop faibles pour être jusque-là étudiées.) Au lieu de résoudre la contradiction relevée la première fois, Oort ne faisait que la renforcer: près de la moitié de la masse de la Voie lactée semblait manquer...

Cette fois, cependant, Oort ne minimisa pas le résultat. «La présence de cette masse invisible, dit-il, est le principal obstacle à l'établissement d'un modèle de la répartition de la matière au sein de la Galaxie.» Cette déclaration était en fait un avertissement. Comme Oort jouissait d'une considération internationale, un malaise commença de se répandre parmi les astronomes. Non seulement les galaxies, qu'elles soient considérées individuellement ou en amas, ne possédaient pas assez de matière visible pour expliquer leurs mouvements, mais, lorsqu'on s'intéressait à des rassemblements de plus en plus importants, l'écart se creusait de façon directement proportionnelle à leur dimension.

UN OCÉAN DE MATIÈRE INVISIBLE

Alors que Jan Oort complétait ses calculs, des astronomes — qui disposaient maintenant de radiotélescopes très sensibles — avaient recueilli de nouvelles informations sur la «matière manquante». Ils s'étaient aperçus d'abord qu'il y avait bien de la matière en dehors des limites visibles des galaxies, quoique que les preuves de sa présence ne soient qu'indirectes.

Au début des années 1950, les radioastronomes avaient découvert ce qu'ils appelèrent les radiogalaxies, parce que leur intense rayonnement radioélectrique est sans commune mesure avec leur rayonnement lumineux. Les signaux reçus, à 408 MHz, semblent provenir de nuages de plasma extrêmement agité, mélange d'ions et d'électrons animés de vitesses comparables à celle de la lumière. Ce plasma s'écoule en jets étroits et puissants de part et d'autre du noyau visible d'une radiogalaxie, jusqu'à des dizaines de milliers d'années-lumière, puis il s'étale, formant de gigantesques lobes qui émettent des ondes radio. Les astrophysiciens ont estimé que le mécanisme

LA MASSE MANQUANTE DE L'UNIVERS

C'est une des plus grandes énigmes qu'ont à résoudre aujourd'hui les astronomes. La recherche de cette masse cachée — une matière obscure — a commencé au début des années 1930, lorsqu'on s'aperçut, en étudiant les vitesses orbitales des étoiles de la Voie lactée, que celles-ci n'avaient pas une masse d'ensemble suffisante — trop faible de moitié — pour justifier leurs mouvements. Un écart encore plus grand apparut pour d'autres galaxies puis pour les amas eux-mêmes. Ainsi, en 1936, Sinclair Smith, de l'observatoire du mont Wilson, étudia-t-il l'amas de la Vierge *(ci-dessous)*, qui rassemble 250 grands systèmes stellaires et au moins un millier d'autres plus modestes, et qui est situé à 70 millions d'années-lumière de la Voie lactée. Compte tenu de leurs vitesses et de leurs masses observables, ces galaxies auraient dû dériver les unes par rapport aux autres. Or elles sont maintenues ensemble par les forces gravitationnelles d'une masse invisible 300 fois plus importante que celle représentée par l'ensemble de leur poussière et de leurs étoiles...

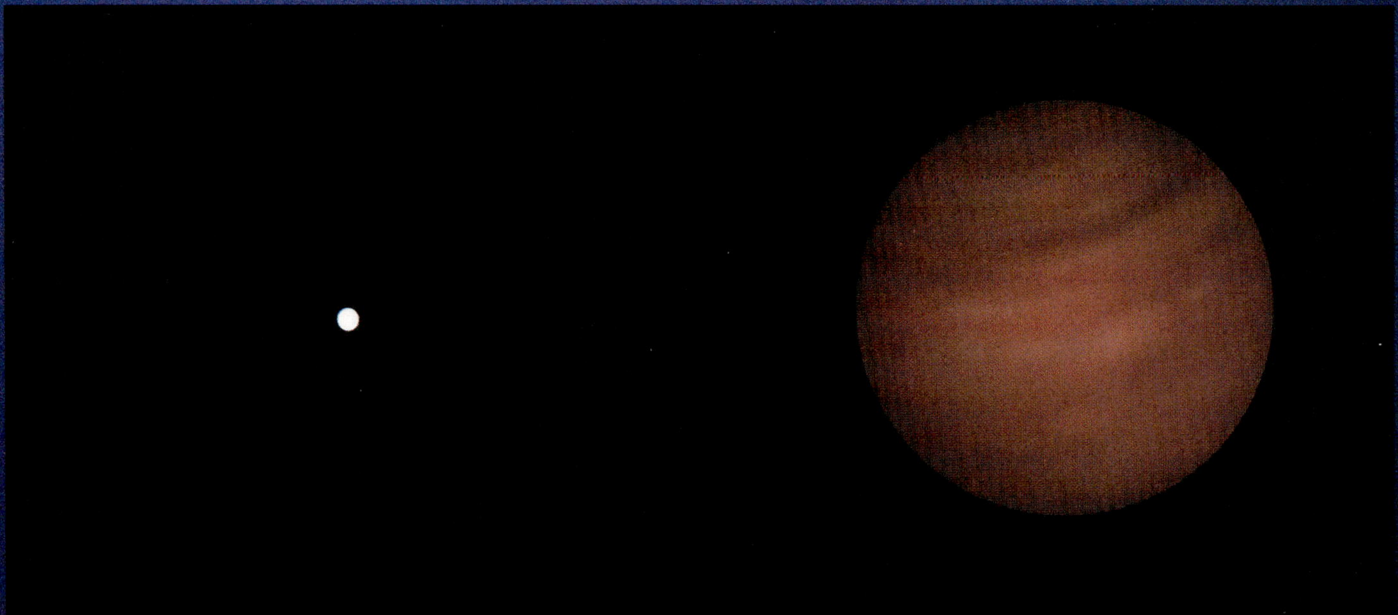

Les naines blanches. Une étoile de taille solaire devient, à la fin de sa vie, une naine blanche, petit astre de taille terrestre, extrêmement dense, ayant conservé 40 à 75 % de la masse de l'étoile. Cependant, l'univers n'est pas assez âgé pour qu'une quantité suffisante de naines blanches ait eu le temps de se former.

Les naines brunes. N'ayant pas une masse suffisante pour que s'amorcent en leur sein des réactions thermonucléaires, ces étoiles manquées sont des candidates toutes désignées. Leur masse serait comprise entre celle de Jupiter et le dixième de celle du Soleil, mais on n'en a encore détecté aucune.

90 % DE MATIÈRE OBSCURE...

Au début des années 1970, l'étude de la rotation des galaxies a confirmé le fait que la matière obscure représente au moins 90 % de la masse de l'univers. En contradiction avec les lois de la gravitation découvertes par Newton à partir des lois de Kepler, les vitesses orbitales des étoiles éloignées du centre galactique sont plus élevées que ce qu'elles devraient être.

De quoi est faite cette matière obscure ? Dans le cas des galaxies qui semblent entourées d'un halo dont le diamètre est plus de dix fois celui de leur partie visible *(ci-contre)*, deux théories s'opposent. Certains pensent qu'il s'agit d'une matière ordinaire et sombre, celle d'étoiles mortes ou manquées — naines blanches ou brunes... D'autres envisagent un ensemble de particules étrangères, dont la plupart sont purement théoriques. Selon eux, lorsque les nuages de gaz primordiaux se sont refroidis dans l'univers naissant, les atomes des gaz qui composent les étoiles se sont concentrés en leur centre pour y former une galaxie, laissant sur le pourtour un halo de particules « exotiques ». On peut voir ci-dessous quelques candidats susceptibles de constituer la matière obscure.

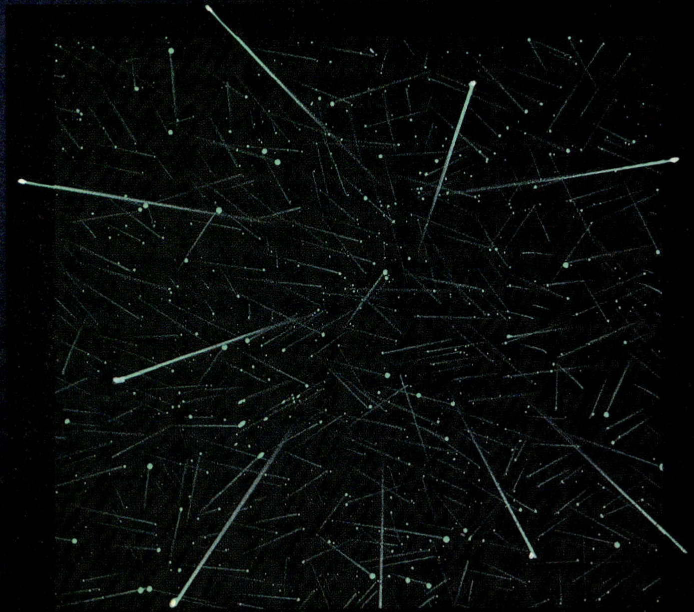

Les neutrinos. Ces particules — il y en a de 10 à 1 000 par centimètre cube au sein des galaxies — sont quasiment insaisissables : les physiciens en sont encore à mesurer leur masse — s'ils en ont une. Même si celle-ci est infime, les neutrinos pourraient expliquer les effets gravitationnels de la matière obscure.

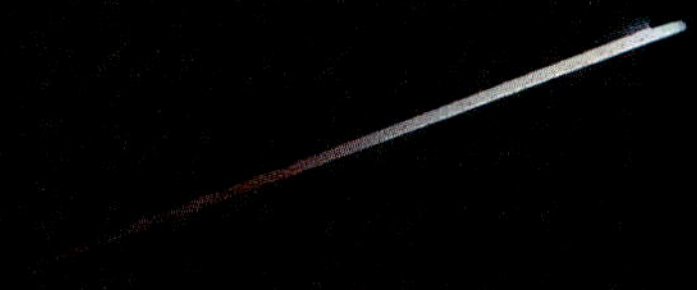

Les photinos. Particules dites « froides », en raison de leur vitesse plus faible que celle des neutrinos, elles sont théoriquement plus lourdes que ceux-ci, mais aussi plus rares : un halo galactique contiendrait en effet moins d'un photino par centimètre cube — bien que l'on n'en ait encore observé aucun.

capable de produire de tels jets devrait consommer, pendant sa durée, autant d'énergie que celle libérée par la désintégration de centaines de milliers d'étoiles comparables au Soleil. Si bien que seul un trou noir occupant le cœur de la radiogalaxie pourrait expliquer cette puissance: sa gravité attirerait à lui toute la matière gazeuse environnante qui formerait un disque d'accrétion. Celui-ci étant en rotation rapide, des particules seraient éjectées dans des directions opposées, en faisceaux intenses qui s'écouleraient, à une vitesse proche de celle de la lumière, le long de son axe de rotation.

Le fait que ces jets s'étalent ensuite en lobes plus diffus suggère qu'ils rencontrent une certaine résistance dans le milieu intergalactique, ce qui les ralentit brusquement. Des preuves d'un tel phénomène furent découvertes ultérieurement lorsqu'on observa des galaxies «à tête et à queue», en fait des radiogalaxies dont les jets et les lobes formaient une sorte de sillage, comme si elles se déplaçaient dans un océan de matière invisible *(pages 104-105).*

La nature de ce milieu demeurait cependant inconnue. Étant donné l'absence de rougissement ou d'affaiblissement de la lumière provenant des galaxies lointaines, les astrophysiciens pensaient que, à la différence du milieu interstellaire, il ne comportait pas — ou bien très peu — de poussières. Ils étaient également persuadés que la densité atomique dans ces espaces n'était pas assez élevée pour permettre à des molécules de se former. Certains suggéraient qu'on pourrait y trouver les résidus des gaz primitifs qui s'étaient formés lors du «big bang», ainsi que de l'hydrogène ionisé provenant de collisions entre galaxies, mais que la détection des signatures spectrales de ces gaz serait très difficile, en raison de leur très faible densité.

LE RAYONNEMENT FOSSILE DE L'UNIVERS

Une fois encore, cependant, le développement de la radioastronomie permit de percer de nouveaux secrets. En 1964, Arno Penzias et Robert Wilson (qui allaient découvrir six ans plus tard les molécules de monoxyde de carbone dans l'espace interstellaire) travaillaient dans les laboratoires du Bell Telephone à la mise au point d'une antenne de liaison avec les satellites placés en orbite, mais ils ne parvenaient pas à se débarrasser d'un rayonnement parasite qui produisait une sorte de bruit de fond dans leur récepteur. Après avoir systématiquement éliminé toutes les sources possibles d'origine terrestre, ils conclurent que ce bruit avait une origine cosmique. Puis, ayant orienté leur antenne dans toutes les directions, ils s'aperçurent qu'il était uniforme et correspondait à l'émission d'un corps noir dont la température serait de 3 degrés au-dessus du zéro absolu (3 kelvins), soit −270 °C.

Ce «bruit», appelé rayonnement thermique cosmologique, avait été prévu quelque seize ans auparavant comme étant un vestige du «big bang», l'explosion initiale qui aurait donné naissance à l'univers. En effet, comme celui-ci n'a pas cessé de se dilater, l'intense rayonnement thermique de très haute énergie qui le baignait aux premiers âges a progressivement diminué jusqu'à ne plus produire que des ondes radio de basse énergie, correspondant à une température d'environ 5 kelvins. La découverte de Penzias et Wilson non seulement semblait confirmer la théorie du «big bang», mais elle relançait l'intérêt pour l'étude de l'espace intergalactique.

À peu près à la même époque où l'équipe du Bell Telephone recherchait l'origine du «rayonnement parasite», d'autres scientifiques tentaient d'analyser d'étranges émissions radio qui semblaient provenir d'étoiles de faible luminosité, dont le spectre restait indéchiffrable: en dépit de leurs efforts, ils ne pouvaient identifier leurs raies d'émission ou d'absorption. La résolution de ce problème allait fournir aux astrophysiciens un outil extraordinaire leur permettant d'aller toujours plus loin, vers les confins de l'univers.

Le 5 février 1963, Maarten Schmidt, du Caltech, étudiait sur un bout de film le spectre lumineux d'un de ces objets, appelé 3C 273. Pris d'une inspiration subite, il lui sembla voir trois faibles raies particulières, dans le rouge lointain du spectre, correspondant à une partie d'un groupe bien connu de quatre raies d'absorption de l'hydrogène habituellement observées dans le bleu. Leur décalage vers le rouge était tel que la quatrième raie, manquante, devait se trouver dans l'infrarouge... Schmidt évalua la vitesse de récession de 3C 273 à près de 16 % de la vitesse de la lumière, ce qui le situait à environ trois milliards d'années-lumière de la Terre. Presque immédiatement, ses collègues Jesse Greenstein et John Matthews résolurent l'énigme posée par un autre quasar — nom donné à ces objets, qui est la forme contractée de «quasistellar radio source» (radiosource quasistellaire). Celui-ci, appelé 3C 48, s'éloignait à une vitesse valant 37 % celle de la lumière, ce qui le plaçait aux limites alors connues de l'univers, soit entre cinq et six milliards d'années-lumière. Les scientifiques supposent maintenant que ces objets intrinsèquement très lumineux, qui rayonnent mille fois plus d'énergie que notre galaxie alors que leur taille n'excède pas celle du système solaire, comportent en leur centre un gigantesque trou noir.

Comme ces quasars sont de puissantes sources lumineuses et qu'ils sont situés à des distances considérables, ils offrent aux astronomes le moyen d'étudier l'espace intergalactique. C'est ainsi qu'en 1965 James Gunn et Bruce Peterson, du Caltech, décidèrent d'utiliser la lumière des quasars pour y rechercher des traces d'hydrogène neutre car, pensaient-ils, tout comme les nuages interstellaires de sodium et de calcium produisent des raies d'absorption stationnaires dans le spectre des étoiles binaires, les gaz intergalactiques devraient révéler leur présence par des raies similaires affectant le spectre des quasars.

LE SECRET DES RAIES LYMAN-ALPHA

Leur démarche reposait sur une découverte faite en 1914 par le physicien Theodore Lyman, de Harvard, qui avait montré que, dans certaines conditions, l'hydrogène neutre H I absorbait la lumière ultraviolette. Lyman avait obtenu en laboratoire une série de raies dont la première — alpha — avait pour longueur d'onde 1 216 angströms. Il supposait que ces raies existaient dans la lumière solaire, mais, comme l'atmosphère terrestre absorbe la plupart des rayons ultraviolets, il n'était pas à même de confirmer cette hypothèse. Lyman mourut en 1954, cinq ans avant que ne soient envoyés au-dessus de l'atmosphère les premiers instruments qui enregistreraient les raies Lyman-alpha du Soleil.

L'intérêt des quasars est que l'énorme décalage vers le rouge de leur spectre, qui résulte de leur fantastique vitesse de récession, fait apparaître leurs raies d'émission ultraviolettes Lyman-alpha dans le spectre visible, ce qui les rend détectables depuis la Terre. Si l'hydrogène neutre est uniformément réparti dans l'espace intergalactique le long de la ligne de visée d'un quasar, pensaient Gunn et Peterson, il doit produire de larges raies d'absorption dans les courtes longueurs d'onde du spectre, donc dans le bleu, là où se situent les raies d'émission Lyman-alpha du quasar. Or les deux chercheurs ne virent rien de semblable. Au contraire, le spectre d'émission du quasar était pratiquement plat dans ses courtes longueurs d'onde. Gunn et Peterson en conclurent que l'hydrogène neutre — pour autant que sa répartition soit uniforme — présentait une densité de moins d'un atome par dix milliards de centimètres cubes, ce qui correspondait à la limite de sensibilité de leurs instruments de mesure.

En 1966, Margaret et Geoffrey Burbidge, un couple d'astronomes de l'université de San Diego, en Californie, étudièrent le spectre du quasar 3C 191 dans lequel ils trouvèrent le doublet des raies d'absorption du magnésium situé dans la partie bleue des raies d'émission Lyman-alpha. Les Burbidge supposèrent que ce gaz absorbant était associé au quasar, qui l'avait peut-être expulsé dans la direction de la ligne de visée de l'observateur. Trois ans plus tard, cependant, John Bahcall et Lyman Spitzer, de Princeton, contestaient cette hypothèse et soutenaient que ces raies d'absorption avaient plus vraisemblablement pour origine les halos gazeux entourant des galaxies non visibles proches de la ligne de visée. Les deux astrophysiciens fondaient leur raisonnement sur le fait que les métaux, éléments plus lourds que l'hydrogène et l'hélium, n'apparaissent que dans la fournaise thermonucléaire des étoiles et ne peuvent donc exister qu'en étroite association avec une galaxie. On pense aujourd'hui que les deux explications sont valables.

Quoi qu'il en soit, les preuves d'existence de nuages gazeux occupant l'espace entre les galaxies furent données en 1971 dans un article de Roger Lynds, de l'observatoire de Kitt Peak. L'année précédente, en examinant le spectre du quasar 4C 05.34, il avait trouvé une série embrouillée de raies d'absorption comportant cinq raies Lyman-alpha produites par différents décalages Doppler vers le rouge dans la partie bleue des propres raies Lyman-alpha du quasar, elles-mêmes fortement décalées vers le rouge. Il en avait conclu que ces «forêts Lyman-alpha» — comme on appelle maintenant de telles séries — résultaient de la présence, tout au long de la ligne de visée, de nombreux nuages ténus d'hydrogène neutre irrégulièrement répartis dans l'espace. Cette distribution ainsi que l'extrême raréfaction du gaz expliquaient pourquoi Gunn et Peterson n'avaient pas réussi à le détecter six années auparavant avec les instruments dont ils disposaient. Lynds pensait que les nuages Lyman-alpha étaient intergalactiques, parce qu'ils n'étaient

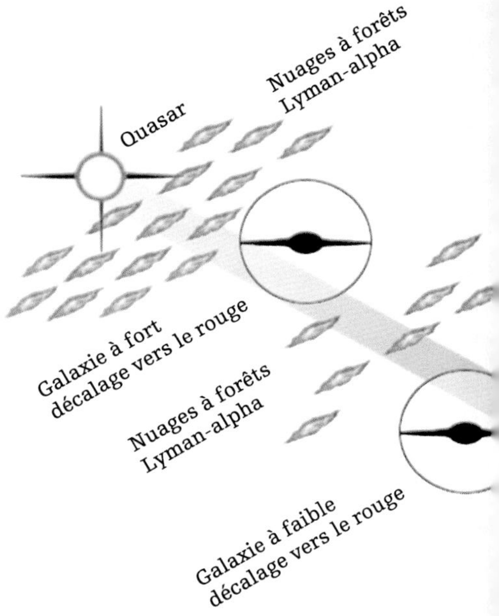

Ce que nous apprend la lumière des quasars

Les quasars, situés à des milliards d'années-lumière de la Terre, nous aident à explorer l'espace intergalactique. Leur très grande vitesse de récession provoque un fort décalage vers le rouge de leur lumière : c'est ainsi que les courtes longueurs d'onde de l'ultraviolet, normalement bloquées par l'atmosphère terrestre, se trouvent décalées dans la lumière blanche où elles produisent des raies spectrales qu'il serait autrement impossible d'observer depuis la Terre.

Les astronomes commencent par chercher dans leur spectre les raies d'émission de l'hydrogène neutre, appelées «Lyman-alpha» et habituellement situées dans l'ultraviolet. Leur décalage les renseigne sur la vitesse le fuite du quasar, donc sur sa position.

Dans la partie bleue de ces raies d'émission — celle des courtes longueurs d'onde — se trouvent quantité de raies sombres d'absorption dont les décalages sont inférieurs à ceux des raies d'émission : cela indique que les objets qui les produisent sont entre la Terre et le quasar. Le groupe de raies appelé «forêt Lyman-alpha» montre que la lumière du quasar a traversé successivement des nuages froids d'hydrogène : comme ils sont situés à différentes distances, leurs raies subissent des décalages différents, d'où l'effet dit de forêt. D'autres raies proviennent d'éléments plus lourds, tels le carbone, le silicium ou le magnésium. Comme ceux-ci se sont créés au sein des étoiles, on pense que leurs raies d'absorption résultent du passage de la lumière du quasar à travers les halos gazeux de galaxies qu'on ne peut observer directement.

Lorsque la lumière ultraviolette d'un quasar passe successivement à travers une série d'objets *(ci-contre)*, son spectre présente une profusion de raies d'émission et d'absorption dont les décalages Doppler vers le rouge sont plus ou moins marqués par rapport au spectre théorique de repos. Ceux montrés ci-dessous révèlent la présence de galaxies et de nuages situés tout au long de la ligne de visée reliant l'observateur au quasar.

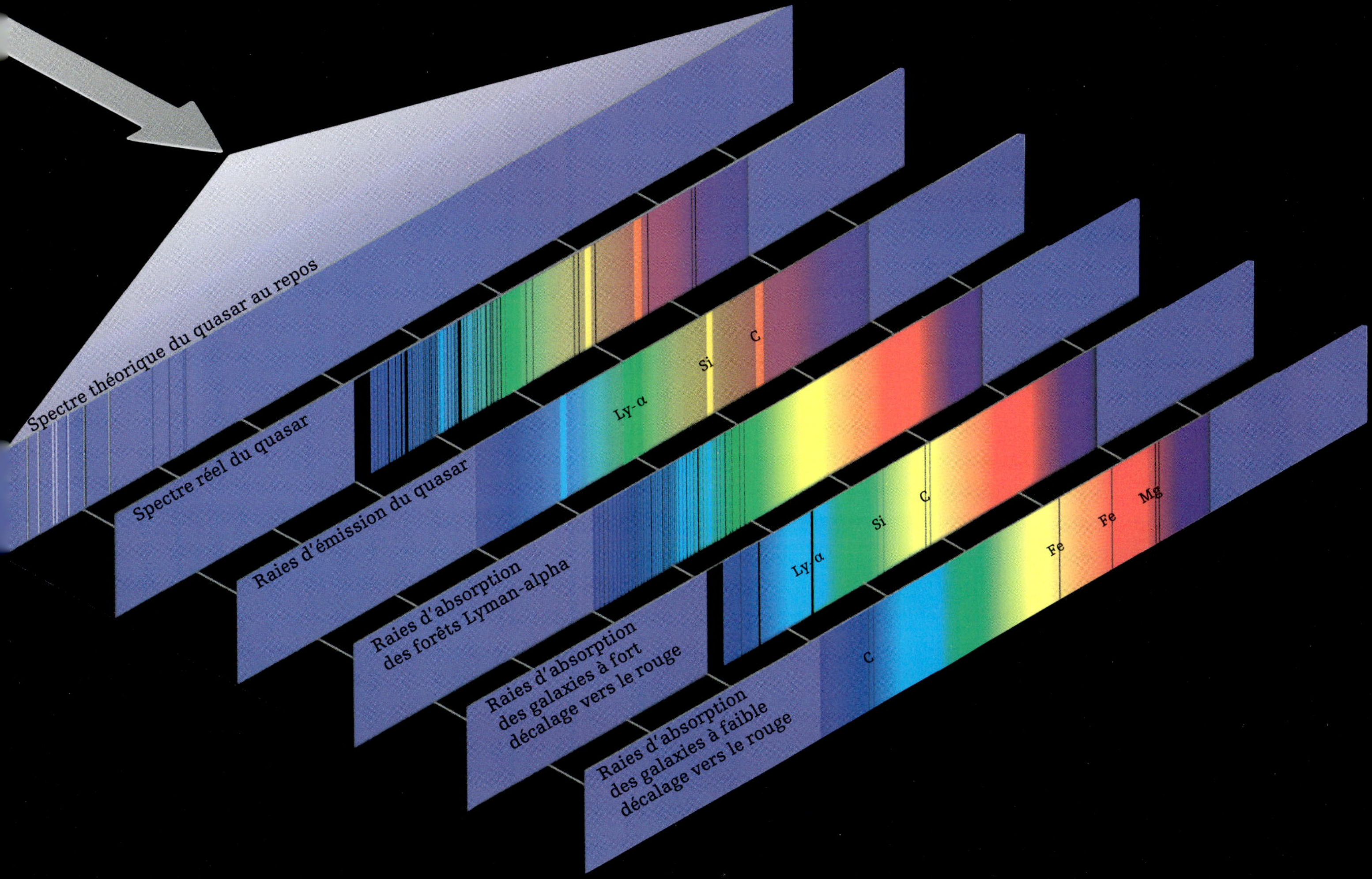

composés que d'atomes d'hydrogène et ne présentaient aucune trace de métaux révélant une origine stellaire (donc galactique). Ce fait était important car il laissait présumer que de tels nuages d'hydrogène neutre pouvaient vraisemblablement être les vestiges de la matière issue du «big bang».

LES RAYONS X À LA RESCOUSSE

Les observations optiques et radioastronomiques n'ont fourni aucune preuve directe de l'existence d'un milieu intergalactique diffus et uniforme, mais l'exploration de l'espace intergalactique se poursuivit dans d'autres domaines, et notamment dans celui des rayons X.

Elle débuta le 18 juin 1962, peu avant minuit. Ce jour-là, une équipe de chercheurs d'American Science and Engineering, de Cambridge, lançait dans la haute atmosphère une fusée-sonde équipée de trois détecteurs de rayons X. Elle allait faire deux découvertes importantes.

D'abord, les détecteurs localisèrent une source de rayons X dans la constellation du Scorpion, qu'on appela Sco X-1. L'émission était discrète mais cependant trop intense pour provenir d'une simple étoile. Dans les années qui suivirent, des centaines de sources similaires furent détectées: ce sont généralement des systèmes binaires dont l'un des membres est une étoile très dense et de faible dimension, telle qu'une naine blanche, une étoile à neutrons ou, peut-être, un trou noir.

Mais, plus inattendu encore, lorsque la fusée incurva sa trajectoire pour balayer la sphère céleste, les détecteurs enregistrèrent un autre rayonnement X, uniforme, provenant de toutes les directions. Les astrophysiciens s'aperçurent vite que cette émission diffuse et continue n'avait pas sa source dans la Voie lactée, ni même dans les galaxies proches: elle venait de beaucoup plus loin et semblait baigner le cosmos. Tout comme le rayonnement thermique cosmologique à 3 kelvins qu'on allait découvrir deux ans plus tard, cet énigmatique rayonnement X était probablement lié aux origines et à la structure de l'univers.

L'étape suivante fut franchie le 12 décembre 1970, lorsque la NASA lança le satellite *Uhuru* qui devait effectuer la première étude d'ensemble des rayons X dans l'espace *(ci-contre).* Herbert Gursky, membre de l'équipe qui avait travaillé huit ans plus tôt sur la mission dont avait été chargée la fusée-sonde, était l'un de ceux qui attendaient avec impatience les résultats de cette exploration. En examinant les données amassées par *Uhuru,* Gursky et ses collègues identifièrent vingt sources X qui pouvaient être associées à des amas de galaxies bien connus, comme ceux de Persée, de la Vierge ou de la Chevelure de Bérénice, celui-là même dont le défaut de masse avait dérouté Fred Zwicky en 1933. Le rayonnement semblait provenir globalement de chaque amas plutôt que de galaxies particulières — ce qui étayait fortement l'hypothèse de Zwicky selon laquelle les amas comportaient une matière obscure intergalactique, inobservable dans le domaine optique.

De nombreux satellites vinrent ensuite compléter les renseignements sur les rayonnements X dans l'univers. Les mesures spectroscopiques transmises

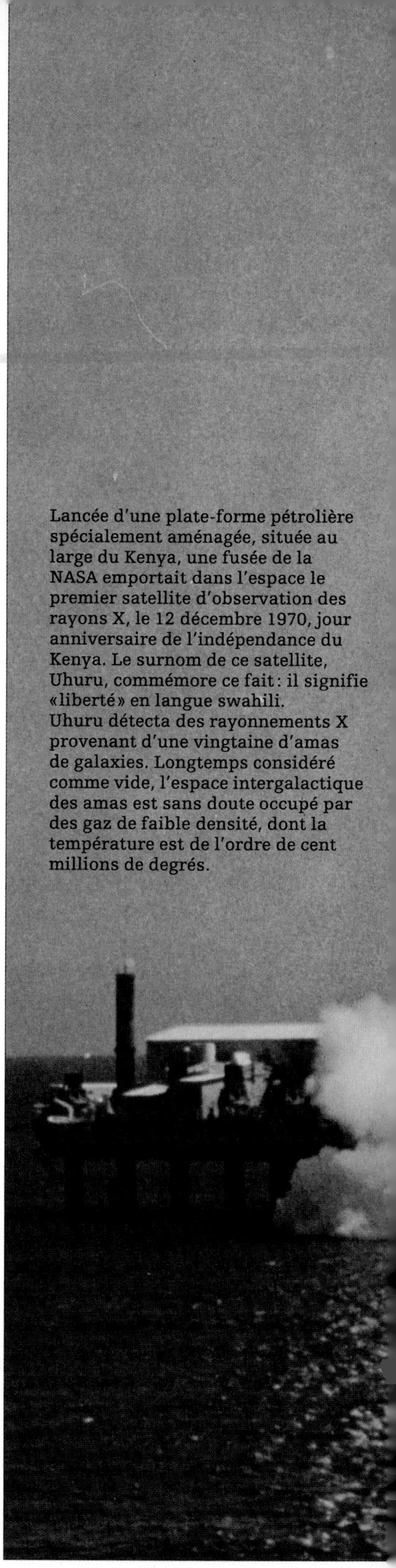

Lancée d'une plate-forme pétrolière spécialement aménagée, située au large du Kenya, une fusée de la NASA emportait dans l'espace le premier satellite d'observation des rayons X, le 12 décembre 1970, jour anniversaire de l'indépendance du Kenya. Le surnom de ce satellite, Uhuru, commémore ce fait: il signifie «liberté» en langue swahili.
Uhuru détecta des rayonnements X provenant d'une vingtaine d'amas de galaxies. Longtemps considéré comme vide, l'espace intergalactique des amas est sans doute occupé par des gaz de faible densité, dont la température est de l'ordre de cent millions de degrés.

en 1976 par *Ariel 5* (le cinquième de la série des Ariel lancés, de 1962 à 1979, par les Britanniques), par exemple, conduisirent Richard J. Mitchell, du Mullard Space Science Laboratory of University College de Londres, à supposer l'existence d'atomes de fer fortement ionisés — ayant perdu 24 de leurs 26 électrons — dans l'amas de Persée. À peu près à la même époque, Peter J. Serlemitsos et ses collègues du NASA Goddard Space Flight Center, à Greenbelt, dans le Maryland, dépouillaient les résultats du satellite *OSO-8* et trouvaient dans le rayonnement X des signatures similaires révélant la présence d'atomes de fer ionisés dans les amas de la Vierge et de la Chevelure de Bérénice.

L'ensemble de ces études suggérait une conclusion: à l'intérieur des amas, le gaz intergalactique n'est probablement pas d'origine primitive. En effet, il comporte des éléments lourds, ce qui implique qu'il a pu s'échapper certaines fois des galaxies *(pages 125-135)*. Il est possible qu'il ait été éjecté lors de collisions résultant des attractions gravitationnelles — ainsi que l'avait proposé Zwicky — ou à la suite de l'explosion de supernovae, celles-ci échauffant les gaz interstellaires et générant un vent suffisamment rapide pour échapper à la gravité galactique...

Dans chaque amas, selon Herbert Gursky, la nature du milieu intergalactique dépend de l'évolution stellaire de ses galaxies. «Si nous remontions dans le temps, dit-il, nous verrions que la composition des gaz intergalactiques est différente pour chacun d'eux.»

Le rayonnement X diffus et constant du cosmos garde son secret pour l'instant: on en ignore la source. Beaucoup de scientifiques pensent que le processus de formation des galaxies ne fut pas uniforme et que, par conséquent, une certaine quantité des gaz primordiaux a pu demeurer à l'écart de toute structure galactique. De tels gaz sont cependant bien incapables d'émettre le rayonnement observé, dont le spectre suggère une source ayant une température d'au moins 400 millions de kelvins...

Le processus capable d'échauffer à ce point un gaz reste problématique. Les quasars eux-mêmes, pour y arriver, devraient rayonner une énergie supérieure à celle que l'on observe. De plus, une telle température aurait dû entraîner l'évaporation de la majeure partie des gaz dans les amas de galaxies, ce qui, à l'évidence, n'est pas le cas. En fait, et pour toutes sortes de raisons, certains astronomes avancent que ce sont les quasars eux-mêmes qui, en raison de leur éloignement, produisent ce fond continu et uniforme de rayonnement X. Ils espèrent que le lancement dans l'espace d'observatoires spécialisés permettra un jour d'en différencier les éventuelles sources.

QU'Y A-T-IL ENTRE LES AMAS DE GALAXIES?

Si l'étude des rayonnements X a prouvé l'existence de gaz intergalactiques au sein des amas, elle n'a pas révélé la présence de tels gaz entre les amas. Un examen plus approfondi des spectres des quasars devenait nécessaire.

En 1980, Wallace Sargent et ses collègues du Caltech, ainsi qu'une équipe du University College de Londres, entreprirent donc l'étude systématique des forêts Lyman-alpha dans les spectres de cinq quasars pour déterminer les caractéristiques générales et la densité des nuages d'hydrogène neutre se trouvant le long des lignes de visée. Après avoir analysé les raies d'absorption, Sargent estima qu'il y avait de 100 à 4 000 atomes par mètre cube.

Comme cette densité est bien trop faible pour permettre aux nuages d'absorber le rayonnement ultraviolet qui inonde l'espace là où les quasars sont nombreux, Sargent en vint à penser que la majeure partie de l'hydrogène composant ces nuages devait être ionisée ; en fait, les atomes neutres détectés au moyen des raies Lyman-alpha ne devaient représenter que 1 % de l'ensemble.

Les travaux de Sargent ainsi que les investigations ultérieures allaient montrer que ces nuages ont des tailles comparables à celles des galaxies — de l'ordre de quelques dizaines de milliers d'années-lumière — et des masses équivalant à celle de 10 à 100 millions de Soleils. Quant à leur température, elle est estimée à quelque 30 000 kelvins. Enfin, beaucoup d'entre eux ne comportent pas d'éléments lourds, ce qui signifie qu'ils sont probablement d'origine primitive et explique leur présence hors des amas de galaxies. (Les astrophysiciens supposent que, si ces nuages sont bien originels, ils comportent également de l'hélium, mais, comme les raies d'absorption de ce gaz sont situées dans l'ultraviolet lointain, il ne peut être détecté depuis la Terre.)

UNE MATIÈRE PRIMITIVE ?

Au début des années 1980, les astronomes avaient déjà obtenu des résultats appréciables militant en faveur d'une matière intergalactique. Les observations du rayonnement X dans les amas de galaxies ainsi que la détection des raies d'absorption d'éléments lourds dans le spectre des quasars indiquaient l'existence de gaz intergalactiques au sein de ces amas. D'autre part, la découverte des forêts Lyman-alpha révélait la présence d'hydrogène originel dans les régions extérieures aux amas. Mais il s'agissait de preuves indirectes. C'est en décembre 1982 qu'une confirmation tangible serait donnée.

Stephen E. Schneider, alors âgé de vingt-cinq ans, préparait son doctorat d'astronomie à Cornell University. Il s'était déplacé à Porto Rico pour effectuer des observations avec le radiotélescope d'Arecibo, le plus grand du monde, qui était exploité par son université pour le compte de la National Science Foundation. Le 28 décembre, voulant étudier une région de la constellation du Lion supposée vide, il entreprit la calibration du télescope pour assurer la précision de ses mesures : il fallait pour cela l'orienter vers une zone dépourvue de source radio afin d'obtenir un « zéro » de référence. Mais il ne put y parvenir : il recevait toujours le même signal.

Schneider fut surpris. « C'était la première fois que je venais à Arecibo, raconta-t-il, je n'étais pas sûr de ce qui se passait. » Il pensa d'abord à une interférence provoquée par quelque radar. Cependant, le 2 janvier, observant à nouveau la région du Lion, il retrouva le même signal. Schneider consulta alors le *Palomar Sky Survey,* une série de planches photographiques du ciel septentrional, mais n'y trouva aucune galaxie à la position observée.

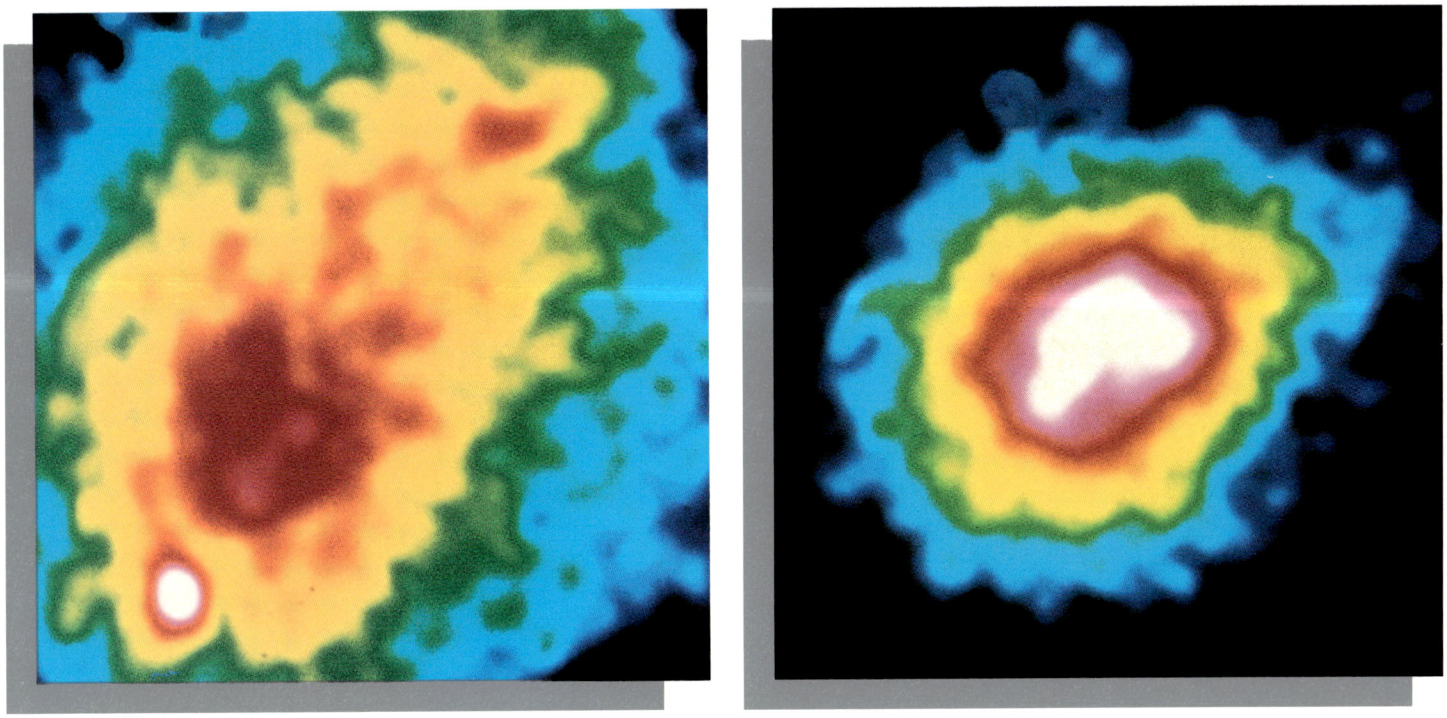

Les rayons X issus de lointains amas de galaxies donnent des indications sur la structure et l'âge de l'univers. Les couleurs codent par niveau croissant la température de brillance du rayonnement X, du plus froid au plus chaud — bleu, jaune, rouge et blanc. La forme irrégulière, la faible luminosité et la basse température de l'amas A 1367 *(à gauche)* suggèrent que celui-ci est relativement jeune, comparé à A 2256 *(à droite)*, un amas très chaud dont la lisière nette s'est arrondie à mesure que ses galaxies se concentraient pour former un noyau très chaud et très lumineux. Les astronomes pensent que les galaxies se rassemblent d'abord en groupes compacts avant de s'organiser peu à peu en amas très structurés baignant dans un gaz chaud.

En fait, Schneider avait détecté l'onde à 21 cm de l'hydrogène d'un nuage intergalactique situé dans la direction de la constellation du Lion. Celui-ci, distant de 30 millions d'années-lumière, semblait immense, nota Schneider — il occupait dans le ciel une surface apparente qui était le double de celle de la pleine Lune — et il n'était pas d'origine galactique. En effet, l'exploration minutieuse des alentours du nuage dans le domaine radio aussi bien que dans le domaine optique montra qu'il ne pouvait pas provenir d'une interaction entre deux galaxies qui les aurait en partie vidées de leurs gaz. Finalement, en raison de son rayonnement radio à 21 cm et de sa basse température, Schneider conclut qu'il était essentiellement composé d'hydrogène neutre et pouvait donc être d'origine primitive.

Il se pourrait bien que de tels nuages donnent naissance à des galaxies. En 1986, Arthur Wolfe — qui était alors à l'université de Pittsburgh, avant de rejoindre celle de San Diego, en Californie — travaillait en collaboration avec des collègues de ces deux universités, ainsi qu'avec une équipe du Space Telescope Science Institute de Baltimore, pour passer en revue les spectres de soixante-huit quasars. En se fondant sur certaines caractéristiques des raies Lyman-alpha, ces chercheurs trouvèrent le long de la ligne de visée de différents quasars une douzaine de nuages qu'ils supposèrent être des protogalaxies. Leurs raies d'absorption Lyman-alpha, par exemple, étaient notablement plus larges que celles produites par les nuages Lyman-alpha habituels, ce qui impliquait une forte densité d'hydrogène. De plus, les observations radio montraient qu'ils avaient la forme d'un disque et que leur température n'était que de l'ordre de quelques centaines de kelvins. Des recherches plus approfondies effectuées sur l'un d'eux révélèrent également des raies d'émission Lyman-alpha, ce qui indiquait la présence d'étoiles et, par conséquent, laissait supposer qu'ils étaient un site possible de genèse stellaire.

LE MYSTÈRE PERSISTE...

Bien que l'on ait découvert de la matière dans les obscures régions qui séparent les étoiles et les galaxies alors qu'on les croyait vides, les chercheurs n'ont toujours pas résolu l'énigmatique problème de la masse manquante dans l'univers. En fait, l'écart entre les masses observées des étoiles et des galaxies et celles qu'elles devraient avoir pour que s'expliquent leurs mouvements s'accrut encore à la fin des années 1960.

En 1969 tout d'abord, les études de Vera Rubin et de Kent Ford, de la Carnegie Institution, à Washington, puis, quelques années après, celles de Jeremiah Ostriker et de James Peebles, de Princeton, apprirent aux astronomes que les galaxies devaient être enveloppées de halos de matière impossible à détecter autrement que par ses effets gravitationnels. En effet, la vitesse orbitale des étoiles ne diminue pas aussi fortement qu'elle le devrait en fonction de l'accroissement de leur distance au centre galactique. Celles situées à la périphérie sont animées d'une vitesse qui ne s'explique que par la présence de matière autour de la galaxie. Ostriker et Peebles ont réalisé un modèle sur ordinateur pour simuler le comportement d'une galaxie spirale dont la densité aurait une distribution similaire à celle de sa luminosité, c'est-à-dire qu'elle serait plus forte au centre que sur les bords. Cette simulation montre qu'un tel modèle — dit de Princeton — n'est pas stable: en quelques rotations, la configuration spirale est détruite. Le seul moyen de la stabiliser est de l'entourer d'un vaste halo de matière.

De quoi est faite cette masse cachée? D'étoiles mortes, de naines brunes, de trous noirs, d'immenses nuages de gaz intergalactiques ou encore d'objets purement théoriques comme les monopôles, les gravitinos ou les cordes cosmiques *(pages 113-115)*? Nul ne sait... Alors que les avancées techniques et théoriques soulèvent peu à peu le voile qui masque l'univers, l'énigme de la masse manquante interpelle le monde scientifique, certains physiciens allant même jusqu'à remettre en cause la théorie de Newton sur la gravitation. Fred Zwicky, s'il était encore de ce monde, se gausserait sans doute des confrères qui rejetaient ses idées. Cependant, même si aucune découverte vraiment extraordinaire n'a été faite dans les décennies qui ont suivi le défi lancé par Zwicky, les astronomes ont au moins réussi à pénétrer un peu les secrets de la matière cachée de l'univers.

LE « VIDE » INTERGALACTIQUE

Entre les galaxies, l'espace paraît sombre, vide et froid. Maintenant les télescopes terrestres détectent les gaz et les poussières interstellaires, mais le plus performant de ces instruments est incapable de déceler la moindre trace de matière dans l'espace intergalactique. Pourtant ce milieu n'est ni froid ni vide. En 1971, un satellite placé en orbite au-delà de l'atmosphère terrestre (qui arrête les plus courtes longueurs d'onde du rayonnement électromagnétique) apporta les premières preuves de l'existence d'une matière intergalactique si chaude — dix fois plus qu'au cœur du Soleil — qu'elle n'émettait que des rayons X. Intrigués par cette découverte, les astronomes pensèrent que ces gaz étaient les résidus des vastes nuages au cœur desquels les galaxies sont nées. Pourtant, de tels vestiges ne pouvaient, à eux seuls, expliquer l'intensité du rayonnement X observé. De plus, pour chaque million d'atomes d'hydrogène, on a relevé environ dix atomes de fer ainsi que quelques traces d'autres éléments lourds qui n'ont pu se former que dans les étoiles. À la mort de celles-ci, ils se sont dispersés dans le milieu interstellaire et certains, échappant à la gravité galactique, se sont mêlés aux gaz primitifs répandus dans l'espace intergalactique.

Mais une telle évasion nécessite une énergie considérable. Pour que les gaz puissent vaincre la gravité d'une galaxie, leurs atomes doivent être animés de vitesses de l'ordre de 500 km/s, ce qui suppose une température d'au moins 10 millions de degrés. Le processus entraînant cet échauffement se déroule sur d'énormes périodes et échappe naturellement à l'observation. Les savants pensent qu'il peut se produire de plusieurs façons selon la forme et la position des galaxies dans les amas. Comme on le verra dans les pages qui suivent, celles-ci peuvent libérer leurs gaz interstellaires lorsqu'elles se rencontrent ou subissent l'embrasement de multiples supernovae, ou encore lorsqu'elles traversent les zones chaudes de leur amas ou les régions de gaz denses qui en occupent le centre.

Deux galaxies spirales se rapprochent l'une de l'autre : le contact sera frontal *(ci-contre, à gauche)*. Au centre, la rencontre se termine, quelque 450 millions d'années plus tard : les galaxies en émergent, traînant chacune une longue queue engendrée par les interactions gravitationnelles. Après une nouvelle période de 150 millions d'années *(à droite)*, les galaxies se sont séparées en laissant sur place un vaste nuage de gaz libéré de leur attraction par le choc de la rencontre. Environ 400 millions d'années après *(ci-dessous)*, le nuage de gaz s'est répandu dans l'espace, entre les deux galaxies.

QUAND DEUX GALAXIES SE RENCONTRENT...

Quand on parle de collision galactique, on imagine un cataclysme spectaculaire et soudain, faisant voler en éclats les étoiles, pulvérisant les planètes et dispersant les gaz alentour. Mais il n'en est rien car le phénomène est infiniment lent : il se déroule sur plusieurs centaines de millions d'années ! Durant tout ce temps, les étoiles sont déstabilisées et leurs mouvements perturbés par de puissantes marées gravitationnelles, mais elles sont si espacées qu'elles ne risquent guère de se heurter...

Il n'en est pas de même au niveau microscopique, car, comparés aux étoiles, les atomes qui composent les nuages de gaz sont relativement près les uns des autres, trop près pour que les nuages puissent s'interpénétrer sans que cela provoque des remous...

Aussi, lorsque deux galaxies spirales viennent à se

rencontrer, les particules s'entrechoquent : la température des gaz s'élève et les atomes sont alors agités et animés de telles vitesses qu'ils arrivent à se libérer de la gravité galactique. Les gaz éjectés, entraînés par la rotation d'ensemble des galaxies, forment de longues traînes qui restent dans leur sillage.

Les effets de cet impact sont illustrés ci-dessus. Après la rencontre, les forces de marée gravitationnelles ont doté chaque galaxie d'une queue qui s'incurve en direction de la galaxie opposée. Une partie de la matière qui les compose est encore soumise à la gravité, mais le reste forme des nappes de gaz chauds entre les galaxies qui s'éloignent. Libérées de toute attraction, elles se dispersent tant que leurs particules, qui ne sont plus assez proches les unes des autres, se refroidissent et n'émettent aucun rayonnement.

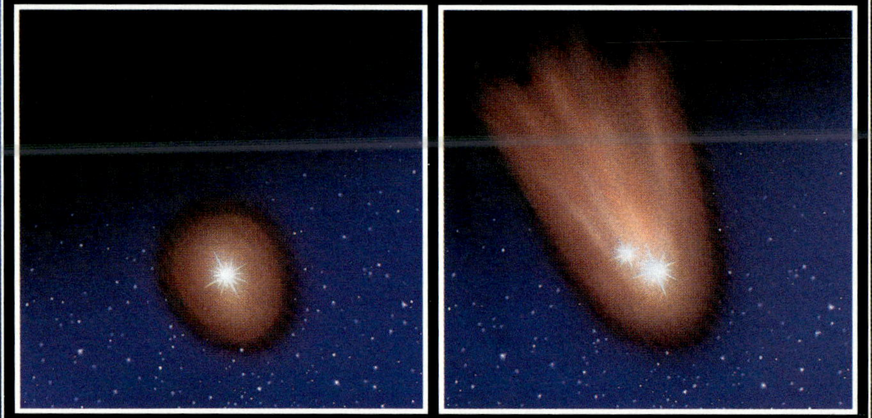

Ci-dessus, à gauche, l'énorme bulle de gaz chauds *(orange)* issus de la supernova — ils atteignent plusieurs millions de degrés — se dilate dans le milieu interstellaire, plus dense et plus froid. Lorsqu'elle atteint la frontière galactique, elle a acquis une énergie supplémentaire due à une autre supernova et elle se détend dans le milieu extérieur plus ténu. Plusieurs millions d'années après sa naissance, la bulle éclate *(ci-dessus, à droite)*, expulsant les gaz chauds de la galaxie dans le milieu intergalactique.

LE SOUFFLE DES SUPERNOVAE DANS LES GALAXIES SPIRALES

Dans une galaxie spirale, de multiples supernovae peuvent produire d'énormes ondes de choc qui échauffent et accélèrent les gaz interstellaires froids et denses, les projetant hors de la galaxie. Une supernova élève la température des atomes de gaz de son environnement à plus d'un million de degrés. Ceux-ci forment une bulle qui se dilate pendant des centaines de milliers d'années avant de se dissiper. Si cette bulle reste isolée, elle ne sera pas assez chaude pour quitter la galaxie. Mais il peut arriver que, dans les bras spiraux, des dizaines ou des centaines d'étoiles, atteignant le même stade de développement, explosent en série, ce qui transforme la bulle... en super-bulle.

Et cette super-bulle, qui continue à se dilater au fil du temps, atteint la lisière de la galaxie *(encadré ci-dessus, à gauche)*. Là, la pression extérieure des gaz

froids et denses ayant diminué et le souffle d'autres supernovae aidant, la poche de gaz s'échappe et éclate hors de la galaxie. Les atomes suffisamment rapides se libèrent de son attraction *(ci-dessus),* tandis que les autres retournent dans son sein. Plus les supernovae sont nombreuses, plus la «cheminée» qui en résulte — c'est ainsi qu'on appelle de tels geysers de gaz chauds — est puissante.

Des centaines de ces cheminées peuvent ainsi déverser des gaz hors d'une grande galaxie spirale, ce qui représente à la longue plusieurs milliers de masses solaires. Parmi les matériaux éjectés, on trouve des traces de fer ainsi que celles d'autres éléments lourds synthétisés dans le cœur des étoiles: c'est ce qui persuada les astrophysiciens que cette matière était d'origine galactique.

Le vent des supernovae dans les galaxies elliptiques

Les galaxies elliptiques diffèrent des galaxies spirales non seulement par leur forme, mais aussi par leur composition et leur évolution, et cette différence affecte la façon dont les gaz interstellaires s'en échappent. Les astronomes pensent qu'elles résultent d'un processus très dynamique de genèse stellaire — ayant été ponctué par de fréquentes explosions de supernovae — qui n'a laissé subsister qu'une faible quantité de gaz primitifs. (Les galaxies spirales, elles, sont riches en gaz originels relativement denses et froids, sauf lorsqu'ils acquièrent localement de l'énergie cinétique grâce aux supernovae ou à quelque autre cause.)

Comme les gaz d'une galaxie elliptique arrivée à maturité sont très chauds et diffus, ils ne peuvent ralentir ou atténuer l'onde de choc d'une supernova. Celle-ci se propage donc sans rencontrer d'obstacle dans le

milieu interstellaire ténu dont elle échauffe uniformément les gaz de plusieurs millions de degrés. Quelques supernovae suffisent pour qu'une partie importante de ceux-ci soient portés jusqu'à la température de libération, mais, à la différence de ceux des galaxies spirales qui s'échappent par des «cheminées», ils s'évadent de façon uniforme de tous les bords de leur galaxie. Ce phénomène est appelé «vent galactique».

Cependant, si tous les gaz des galaxies elliptiques ne se sont pas ainsi dissipés, c'est que celles-ci, plus âgées que les spirales, évoluent peu. Ayant dépassé la phase gazeuse de leur formation, elles comportent de moins en moins de supernovae — mais assez cependant pour conserver une proportion de matière interstellaire relativement faible, sans pour autant que celle-ci disparaisse complètement.

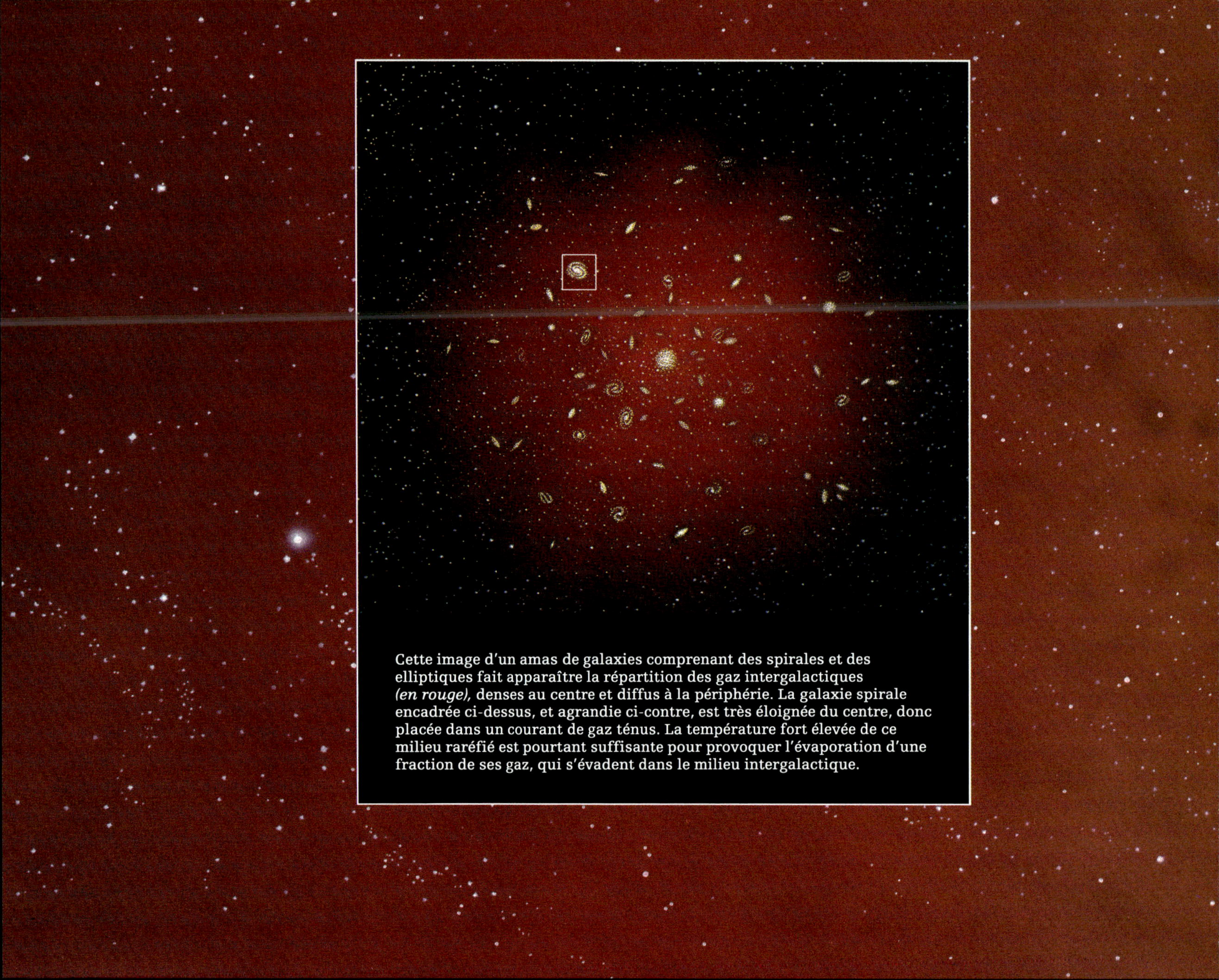

Cette image d'un amas de galaxies comprenant des spirales et des elliptiques fait apparaître la répartition des gaz intergalactiques *(en rouge),* denses au centre et diffus à la périphérie. La galaxie spirale encadrée ci-dessus, et agrandie ci-contre, est très éloignée du centre, donc placée dans un courant de gaz ténus. La température fort élevée de ce milieu raréfié est pourtant suffisante pour provoquer l'évaporation d'une fraction de ses gaz, qui s'évadent dans le milieu intergalactique.

ÉVAPORATION : DES GALAXIES DANS UN BAIN DE VAPEUR

Au sein d'un amas, une galaxie se déplace parmi des nuages de gaz très chauds et ténus, faiblement retenus par la gravité d'ensemble de l'amas. Selon une théorie récente, ce milieu ambiant peut échauffer la galaxie à un point tel que ses propres gaz, atteignant une température leur permettant l'évasion, s'en échappent, tel l'air d'un soufflé que l'on a surchauffé.

Mais ce processus, appelé évaporation, n'opère efficacement que dans certaines conditions. D'une part, les lignes du champ magnétique intergalactique doivent être régulières afin de canaliser vers la galaxie les flux d'électrons propageant l'agitation thermique des gaz ionisés — dans le cas contraire, elles feraient obstacle à cette propagation. D'autre part, les gaz qui envelop-

pent la galaxie doivent être très chauds et suffisamment denses pour produire une évaporation notable.

Ces conditions optimales ne peuvent exister partout dans l'amas de galaxies, puisque les gaz sont froids et denses au voisinage du centre, alors qu'à la périphérie leur température peut attendre 100 millions de degrés et que leur densité est très faible. C'est entre ces deux extrêmes, à mi-chemin entre le cœur et la périphérie de l'amas, que se produira l'évaporation maximale. L'illustration ci-dessus montre une galaxie spirale dont l'orbite est située aux deux tiers environ du rayon de l'amas, donc plus près des bords que du centre : les gaz ambiants y sont chauds mais moyennement denses, ce qui entretient une évaporation modérée.

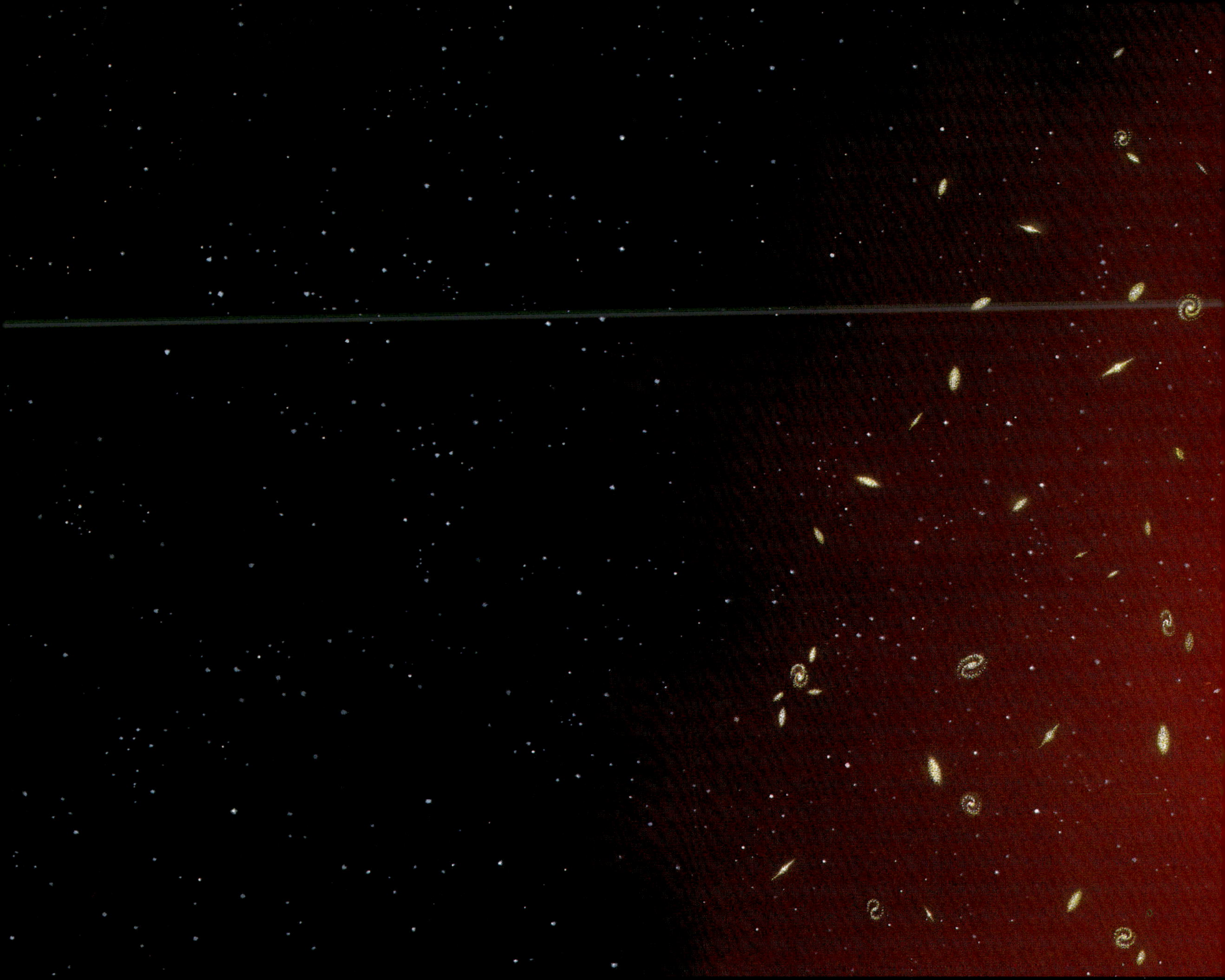

L'ACTION DE LA PRESSION DYNAMIQUE

Si les gaz denses se trouvant au centre d'un amas galactique ne provoquent qu'une évaporation réduite, ils peuvent arracher une grande partie de la matière interstellaire de la galaxie qui les traverse, par un effet de «pression dynamique». (Un cycliste qui descend une côte perçoit cette pression: c'est le vent relatif qu'il crée en se frayant un chemin parmi les milliards de molécules qui l'entourent. La force de ce vent est proportionnelle à la densité de l'air et au carré de la vitesse du cycliste.)

À l'échelle du cosmos, une pression dynamique énorme s'exerce sur une galaxie dont la trajectoire elliptique et excentrée l'amène au voisinage du centre de l'amas. Lorsqu'elle s'en approche, sa vitesse augmente en vertu des lois de la gravitation, tandis que le milieu ambiant devient plus dense. L'effet combiné de ces deux paramètres multiplie par mille la pression dynamique subie par la galaxie: ses gaz interstellaires s'échauffent et, de même que dans une collision, se libèrent de sa gravité.

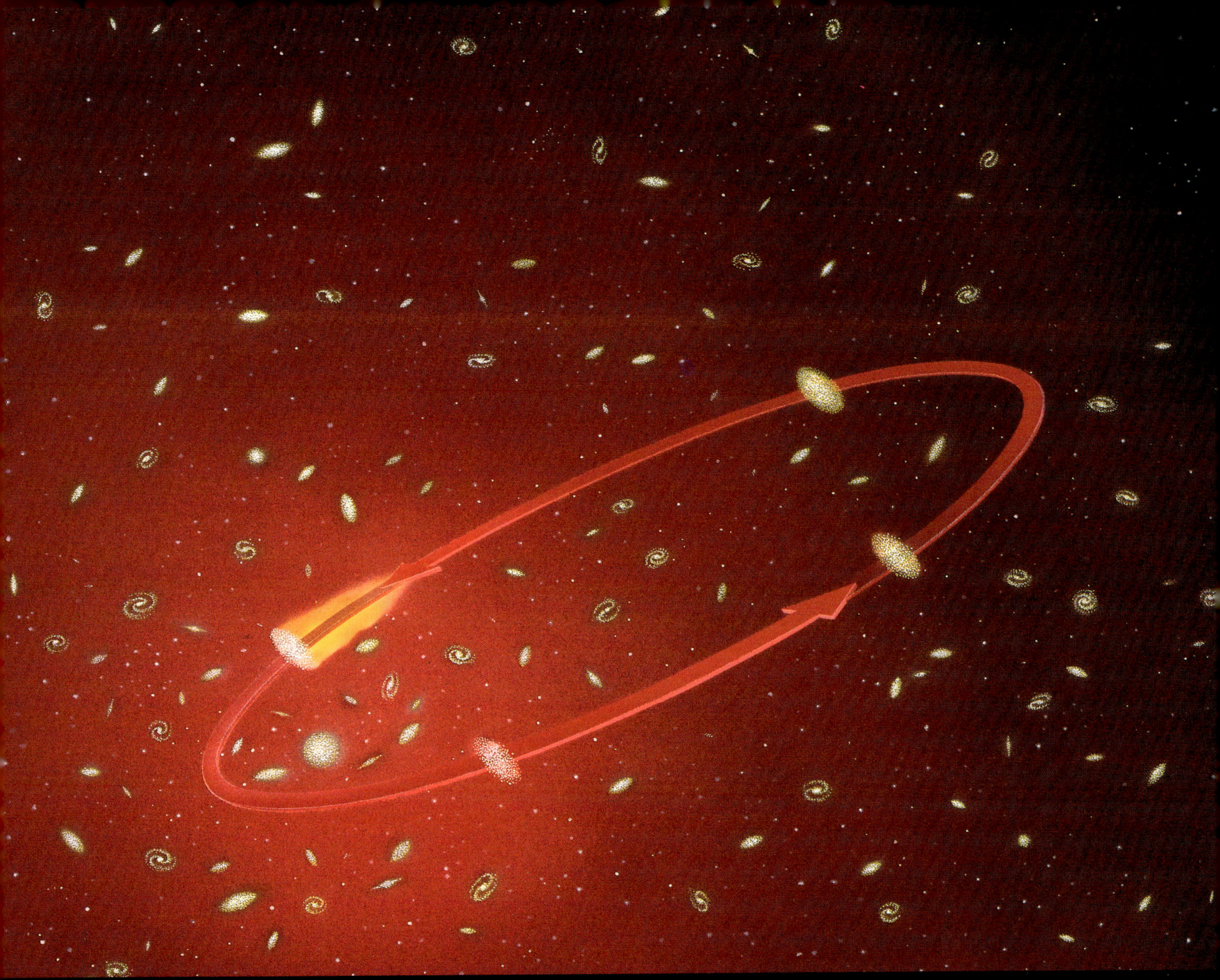

Mais les gaz ainsi extraits n'ont qu'une liberté relative. Nombre d'amas comportent une galaxie centrale géante de type elliptique — représentée ici sous forme d'une boule lumineuse — qui exerce une forte attraction sur son voisinage; même lorsqu'une telle galaxie n'existe pas, les gaz proches du centre de gravité de l'amas ont tendance à s'y concentrer sous l'effet de la gravitation. La galaxie ainsi dégarnie d'une partie de sa matière interstellaire peut éventuellement la reconstituer lorsqu'elle circule dans les régions les plus extérieures de l'amas où la pression dynamique est faible. Même une galaxie elliptique pauvre en gaz, comme celle qui orbite ci-dessus, peut en produire de nouveaux grâce à l'évolution stellaire: certaines étoiles meurent en effet de façon moins spectaculaire que les supernovae, dispersant la totalité de leurs gaz et ne dégageant qu'une chaleur modérée. Mais ces gains ne sont que temporaires car la pression dynamique grandissante les dispersera de nouveau, lors du retour de la galaxie vers le centre de l'amas.

GLOSSAIRE

Amas galactique: ensemble de galaxies — de quelques dizaines à plusieurs milliers — liées entre elles par les forces gravitationnelles.

Ammoniac: molécule composée d'un atome d'azote et de trois atomes d'hydrogène. Les astronomes l'utilisent pour estimer la température et la densité des nuages interstellaires parce que ses transitions de niveau d'énergie sont aisément observables en hyperfréquences.

Angström: unité de longueur en microphysique valant un dix-millionième de millimètre. Elle est utilisée en astronomie pour mesurer les longueurs d'onde.

Année-lumière: unité de distance qui correspond au trajet de la lumière dans le vide pendant une année, soit environ 9 500 milliards de kilomètres.

Calcium: élément chimique répandu sur Terre à l'état solide et présent sous forme gazeuse dans l'espace interstellaire.

Céphéides: classe d'étoiles variables à période bien définie — de quelques heures à quelques semaines — liée à la magnitude.

Champ magnétique: zone dans laquelle se manifestent des forces magnétiques. L'intensité d'un tel champ est estimée par l'action qu'il exerce sur les particules chargées qui le parcourent.

Constellation: groupe apparent d'étoiles formant une figure caractéristique et auquel on a donné un nom. Par extension, région du ciel où se trouve la constellation.

Décalage vers le rouge ou le bleu: *voir* Effet Doppler.

Diatomique: se dit d'une molécule formée de deux atomes.

Effet Doppler: phénomène ondulatoire selon lequel les ondes, sonores ou électromagnétiques, paraissent comprimées lorsque leur source se rapproche de l'observateur et étirées lorsqu'elle s'en éloigne; il en résulte, pour les raies spectrales d'un corps céleste en mouvement par rapport à la Terre, soit un décalage vers le rouge lorsqu'il s'éloigne, soit un décalage vers le bleu lorsqu'il s'approche.

Effet Zeeman: décomposition d'une raie spectrale en un multiplet de raies très proches, sous l'influence d'un champ magnétique.

Électron: particule de charge électrique négative qui gravite généralement autour du noyau d'un atome, mais qui peut exister isolément.

Énergie cinétique: énergie que possède un corps en mouvement, proportionnelle à sa masse et au carré de sa vitesse.

État métastable: état d'énergie stationnaire d'un atome excité, dont la durée de vie est supérieure à celles des états instables.

Étoiles binaires: couple d'étoiles liées par leur attraction gravitationnelle et tournant autour de leur centre de masse commun. Les systèmes binaires sont fréquents ainsi que les systèmes à trois étoiles ou plus.

Étoiles de classes O et B: étoiles jeunes et massives, d'éclat bleuté, les plus chaudes, classées d'après leur spectre. On les trouve principalement dans les bras des galaxies spirales. Leur intense rayonnement ultraviolet ionise l'hydrogène des nuages environnants.

Extinction interstellaire: réduction de l'éclat des étoiles ou autres objets célestes, due à l'absorption et à la diffusion de la lumière par la matière interstellaire.

Formaldéhyde: molécule organique composée de carbone, d'hydrogène et d'oxygène, de formule HCHO, existant sur Terre et dans l'espace.

Fréquence: nombre de périodes par seconde d'une onde. *Voir aussi* Longueur d'onde *et* Période.

Galaxie: système stellaire constitué de quelques millions à des centaines de milliards d'étoiles, ainsi que de quantités variables de gaz et de poussières.

Galaxie elliptique: galaxie ayant la forme d'une sphère plus ou moins aplatie, sans caractéristiques discernables.

Galaxie spirale: galaxie en forme de disque avec un bulbe central rempli d'étoiles brillantes et de nuages de gaz ionisés. Elle présente des bras en spirales plus ou moins ouvertes. La Voie lactée appartient à cette catégorie.

Globule: concentration dense de gaz et de poussières interstellaires qui, pense-t-on, devient une proto-étoile. *Voir aussi* Proto-étoile.

Gravitation: attraction universelle qui s'exerce entre les objets célestes. La force de gravitation entre deux corps est proportionnelle à leur masse et inversement proportionnelle au carré de leur distance.

Gravité: attraction exercée sur un corps par la Terre ou par tout autre objet céleste.

Hélium: élément chimique qui vient au second rang pour sa légèreté et son abondance dans l'univers.

Hertz: unité de fréquence (Hz). C'est la fréquence d'un phénomène périodique dont la période est de 1 seconde. Le mégahertz (MHz) vaut un million de hertz.

Hydrocarbures aromatiques polycycliques: composés complexes ne comprenant que du carbone et de l'hydrogène et résultant de l'assemblage d'un certain nombre de noyaux cycliques hexagonaux (noyaux benzéniques). Sur Terre, on les trouve dans les suies. On pense qu'ils existent en grande quantité dans les nuages interstellaires.

Hydrogène: l'élément le plus léger et le plus répandu dans l'univers. On le trouve sous forme d'atome, soit neutre (H I), composé d'un proton et d'un électron, soit ionisé (H II), lorsqu'il a perdu son électron. On le trouve aussi sous forme de molécule, composée de deux atomes.

Hydroxyle: molécule hautement réactive, composée d'un atome d'hydrogène et d'un atome d'oxygène. Dans l'espace, elle se comporte souvent comme un maser.

Hyperfréquences: désignent les ondes radioélectriques ultra-courtes de fréquences supérieures à 1 000 mégahertz.

Infrarouges: *voir* Rayonnement infrarouge.

Interféromètre: combinaison de deux ou de plusieurs radiotélescopes utilisés simultanément pour recevoir le rayonnement d'une source radioélectrique. En étudiant les franges d'interférences entre les signaux reçus, on peut déterminer la brillance et la structure des sources observées.

Ion: atome qui, ayant perdu ou gagné un ou plusieurs électrons, est chargé électriquement. Un atome neutre a le même nombre d'électrons que de protons, d'où une charge électrique nulle, tandis qu'un ion positif a davantage de protons qu'un ion négatif en a moins.

Ionisation: phénomène par lequel un atome, une molécule ou un radical acquièrent ou perdent un ou plusieurs électrons et deviennent ainsi porteurs de charges électriques.

Kelvin: échelle de températures absolues où le zéro absolu correspond à −273 °C; l'unité de température, appelée kelvin, est égale à un degré Celsius.

Longueur d'onde: distance entre deux crêtes ou deux creux successifs d'une onde électromagnétique ou autre. Plus la longueur d'onde est grande, plus la fréquence est faible.

Magnitude: nombre qui caractérise l'éclat d'une étoile; plus celle-ci est brillante, plus le nombre qui représente sa magnitude est faible. On distingue les magnitudes apparentes (les éclats apparents des étoiles tels qu'on les observe dans le ciel) et les magnitudes absolues (les éclats qu'elles auraient si elles étaient toutes placées à la même distance de l'observateur, soit 10 parsecs).

Maser cosmique: source dont le rayonnement radioélectrique est amplifié; les molécules d'hydroxyle et celles de l'eau constituent d'excellents masers.

Masse: grandeur physique donnant l'idée de la «quantité de matière» que contient un corps, déterminée par la gravité du corps ou par sa tendance à résister à l'accélération.

Matière obscure: matière dont on soupçonne l'existence d'après ses effets gravitationnels, mais qui échappe pour l'instant à l'observation directe.

Mécanique quantique: description mathématique des interactions entre les particules, de leurs combinaisons et de leurs désintégrations.

Méthylidyne: molécule diatomique de carbone et d'hydrogène qui fut la première à être découverte dans l'espace.

Molécule: la plus petite parcelle d'un composé chimique qui en conserve toutes les propriétés. Une molécule est formée de deux ou plusieurs atomes unis les uns aux autres par liaison chimique.

Monoxyde de carbone: molécule diatomique composée de carbone et d'oxygène, commune sur Terre comme produit toxique de combustion et largement répandue dans l'espace interstellaire.

Neutron: particule non chargée ayant une masse similaire à celle du proton; se trouve normalement avec celui-ci dans le noyau d'un atome.

Niveau d'énergie: valeur énergétique attribuée aux électrons d'un atome, au spin ou à la vibration thermique d'une molécule. Le niveau d'énergie le plus faible — et le plus stable — est appelé niveau fondamental. Les niveaux supérieurs correspondent aux états «excités» de l'atome ou de la molécule.

Ondes hertziennes: *voir* Rayonnement radioélectrique.

Parsec: unité de distance en astronomie qui vaut environ 3,26 années-lumière.

Particule chargée: particule élémentaire dotée d'une charge électrique, telle que le proton ou l'électron dont les charges, respectivement positive ou négative, s'annulent au sein de l'atome.

Période: pour une onde, intervalle de temps entre deux maxima successifs en un point donné; pour une étoile variable, intervalle de temps au bout duquel la courbe de lumière reprend la même valeur avec le même sens de variation.

Photon: grain ou quantum d'énergie électromagnétique qui se comporte comme une particule sans charge et voyage à la vitesse de la lumière.

Plan galactique: plan central de la Voie lactée; également le plan central de toute galaxie lenticulaire.

Plasma: gaz de particules ionisées, différant du gaz ordinaire à particules neutres. Les plasmas, sensibles aux champs électrique et magnétique, sont considérés comme un quatrième état de la matière après les états solide, liquide et gazeux.

Polarisation: tendance qu'ont certaines ondes électromagnétiques à vibrer dans un plan unique, perpendiculairement à leur axe de propagation, plutôt que de manière uniforme dans toutes les directions.

Proto-étoile: énorme sphère gazeuse maintenue par sa propre gravité, qui se contracte et se comprime pour devenir une étoile.

Proton: particule de charge positive présente dans le noyau d'un atome et dont la masse vaut 1 836 fois celle de l'électron.

Quasar: contraction de l'anglais «quasi stellar radio source» ou radiosource quasi stellaire; il s'agit d'une source très brillante d'énergie extrêmement puissante occupant une très petite région au sein d'une galaxie très lointaine et dont l'éclat dépasse largement celui de la galaxie tout entière.

Radiogalaxie: galaxie émettant un rayonnement radioélectrique d'une très grande puissance; elle se distingue d'un radioquasar par le fait que sa source n'est pas limitée au seul centre de la galaxie.

Radiosource: source naturelle extraterrestre de rayonnement radioélectrique.

Radiotélescope: instrument utilisé pour détecter les ondes radioélectriques émises par les astres.

Raie à 21 cm: raie spectrale de l'hydrogène neutre, qui rayonne dans le domaine radioélectrique à la longueur d'onde de 21 cm. Première raie spectrale découverte dans ce domaine.

Raies d'absorption: raies sombres qui apparaissent dans un spectre électromagnétique lorsque des substances situées entre la source du rayonnement et l'observateur absorbent une partie de ce rayonnement. Les longueurs d'onde de ces raies caractérisent les substances absorbantes.

Raies d'émission: raies brillantes qui apparaissent dans un spectre électromagnétique. Les longueurs d'onde de ces raies permettent de déduire la présence d'éléments chimiques donnés parmi les constituants de l'objet émettant le rayonnement.

Raies Lyman-alpha: raies spectrales de l'hydrogène neutre dans l'ultraviolet, découvertes par Theodore Lyman, dont la première, alpha, a pour longueur d'onde 1 216 angströms.

Rayonnement électromagnétique: ondes d'énergie électrique et magnétique allant des ondes radioélectriques aux rayons gamma en passant par la lumière blanche. Elles voyagent dans l'espace à la vitesse de la lumière.

Rayonnement gamma: forme la plus énergétique du rayonnement électromagnétique, dotée de la fréquence la plus élevée et donc de la plus petite longueur d'onde. Comme l'atmosphère terrestre absorbe la majeure partie de ce rayonnement, l'astronomie gamma s'effectue essentiellement à partir de l'espace.

Rayonnement infrarouge: rayonnement électromagnétique, de plus basse fréquence — et donc de plus grande longueur d'onde — que la composante rouge de la lumière. Il est en majeure partie absorbé par l'atmosphère terrestre.

Rayonnement radioélectrique: forme la moins énergétique du rayonnement électromagnétique. Ses ondes, appelées aussi ondes hertziennes, vont de l'infrarouge lointain aux grandes ondes kilométriques.

Rayonnement ultraviolet: rayonnement électromagnétique dont les longueurs d'onde se situent entre celles de la lumière blanche et celles des rayons X. La majeure partie des rayons UV étant absorbée par l'atmosphère terrestre, on les étudie à partir de l'espace.

Rayonnement X (rayons X): rayonnement électromagnétique dont les longueurs d'onde se situent entre celles de l'ultraviolet et celles des rayons gamma. Les rayons X étant absorbés par l'atmosphère terrestre, on les étudie à partir de l'espace.

Rayons cosmiques : noyaux atomiques ou autres particules chargées se déplaçant à une vitesse proche de celle de la lumière et dont les sources présumées sont les supernovae et autres phénomènes violents de l'univers.
Spectre : distribution des longueurs d'onde d'un rayonnement électromagnétique, allant des grandes longueurs des ondes radioélectriques à celles, extrêmement courtes, des rayons gamma ; désigne également une bande plus étroite de longueurs d'onde, celle de la lumière blanche décomposée par un prisme ou par tout autre moyen pour montrer les différentes couleurs qui la composent ainsi que d'éventuelles raies d'émission et d'absorption.
Spectrographe : appareil qui permet d'enregistrer photographiquement ou électroniquement le spectre d'un rayonnement électromagnétique après en avoir sélectionné les différentes longueurs d'onde.
Spectroscopie : étude des radiations électromagnétiques émises ou absorbées.
Supernova : explosion stellaire extrêmement lumineuse chassant de l'étoile la majeure partie de sa matière.
Système binaire : *voir* Étoiles (binaires).
Trou noir : objet céleste extrêmement dense et dont la force gravitationnelle est si puissante qu'aucun rayonnement ne peut s'en échapper.
Ultraviolet : *voir* Rayonnement ultraviolet.
Unité astronomique (UA) : unité de mesure souvent utilisée pour exprimer les distances à l'intérieur du système solaire, égale à la distance moyenne de la Terre au Soleil, soit 149 598 000 km environ.
Vitesse radiale : composante suivant la ligne de visée de la vitesse d'un objet. On la mesure grâce au décalage Doppler de son spectre.
Vitesse tangentielle : composante suivant la perpendiculaire à la ligne de visée de la vitesse d'un objet. On la mesure grâce au déplacement latéral de l'objet par rapport aux étoiles environnantes.
Voie lactée : galaxie à laquelle appartient le système solaire, encore appelée la Galaxie, une spirale géante d'au moins 100 milliards d'étoiles et d'un diamètre de 100 000 années-lumière environ.

BIBLIOGRAPHIE

Livres

Abbott, David. *Astronomers : The Biographical Dictionary of Scientists.* New York : Peter Bedrick Books, 1984.
Abell, George, David Morrison et Sidney C. Wolff. *Realm of the Universe.* Philadelphie : Saunders College Publishing, 1988.
Asimov, Isaac. *Asimov's Biographical Encyclopedia of Science and Technology.* Garden City, New York : Doubleday, 1982.
Bailey, M. E., et D. A. Williams. *Dust in the Universe.* Cambridge, Angleterre : Cambridge University Press, 1988.
Barnard, Edward Emerson. *A Photographic Atlas of Selected Regions of the Milky Way.* Washington : Carnegie Institution, 1927.
Bartusiak, Marcia F. *Thursday's Universe.* New York : Random House, 1986.
Berry, Arthur. *A Short History of Astronomy.* New York : Dover Publications, 1961.
Bok, Bart J., et Priscilla F. Bok. *The Milky Way.* Cambridge, Massachusetts : Harvard University Press, 1981.
Burbidge, Geoffrey, David Layzer et John G. Phillips : *Annual Review of Astronomy and Astrophysics* (Vol. 21). Palo Alto, Californie : Annual Reviews, 1983. *Annual Review of Astronomy and Astrophysics* (Vol. 27). Palo Alto, Californie : Annual Reviews, 1989.
Chaisson, Eric. *Universe : An Evolutionary Approach to Astronomy.* Englewood Cliffs, New Jersey : Prentice-Hall, 1988.
Cornell, James, et John Carr. *Infinite Vistas : New Tools for Astronomy.* New York : Charles Scribner's Sons, 1985.
Daintith, John, Sarah Mitchell et Elizabeth Tootill. *A Biographical Encyclopedia of Scientists.* New York : Facts on File, 1981.
Ferris, Timothy. *Galaxies.* New York : Stewart, Tabori & Chang, 1982.
Friedlander, Michael W. *Astronomy : From Stonehenge to Quasars.* Englewood Cliffs, New Jersey : Prentice-Hall, 1985.
Harwit, Martin. *Cosmic Discovery.* New York : Basic Books, 1981.
Henbest, Nigel, et Michael Martin. *The New Astronomy.* Cambridge, Angleterre : Cambridge University Press, 1983.
Hey, J. S. *The Evolution of Radio Astronomy.* Londres : Eleck Science, 1973.
Hoskin, Michael A. *William Herschel and the Construction of the Heavens.* New York : W. W. Norton, 1963.
Kargon, Robert H. *The Rise of Robert Millikan : Portrait of a Life in American Science.* Ithaca, New York : Cornell University Press, 1982.
Kaufmann, William J., III. *Universe* (2ème éd.). New York : W. H. Freeman, 1987.
Lang, Kenneth R., et Owen Gingerich. *A Source Book in Astronomy and Astrophysics, 1900-1975.* Cambridge, Massachusetts : Harvard University Press, 1979.
Lynds, Beverly T. *Dark Nebulae, Globules et Protostars.* Tucson : University of Arizona Press, 1971.
Malin, David, et Paul Murdin. *Colours of the Stars.* Cambridge, Angleterre : Cambridge University Press, 1984.
Mihalas, Dimitri, et James Binney. *Galactic Astronomy : Structure and Kinematics* (2ème éd.). San Francisco : W. H. Freeman, 1981.
Moore, Patrick. *The International Encyclopedia of Astronomy.* New York : Orion Books, 1987.
Morris, Richard. *The Fate of the Universe.* New York : Playboy Press, 1982.
Motz, Lloyd, et Carol Nathanson. *The Constellations.* New York : Doubleday, 1988.
Parker, Barry. *Invisible Matter and the Fate of the Universe.* New York : Plenum Press, 1989.
Pasachoff, Jay M. *Astronomy : From the Earth to the Universe.* Philadelphie : Saunders College Publishing, 1987.
Preiss, Byron, et Andrew Fraknoi. *The Universe.* New York : Bantam Books, 1987.
Press, Jaques Cattell. *American Men and Women of Science* (13th ed.). New York : R. R. Bowker, 1976.
Sarazin, Craig L. *X-Ray Emission from Clusters of Galaxies.* Cambridge, Angleterre : Cambridge University Press, 1988.
Shu, Frank H. *The Physical Universe : An Introduction to*

Astronomy. Mill Valley, Californie: University Science Books, 1982.
Silk, Joseph. *The Big Bang.* New York: W. H. Freeman, 1989.
Snow, Theodore P. *Essentials of the Dynamic Universe: An Introduction to Astronomy* (2ème éd.). St. Paul, Minnesota: West, 1987.
Solomon, P. M., et M. G. Edmunds. *Giant Molecular Clouds in the Galaxy: Third Gregynog Astrophysics Workshop.* Oxford, Angleterre: Pergamon Press, 1980.
Spitzer, Lyman, Jr. *Searching between the Stars.* New Haven, Connecticut: Yale University, 1982.
Stars (Voyage Through the Universe series). Alexandria, Virginie: Time-Life Books, 1988.
Struve, Otto, et Velta Zebergs. *Astronomy of the 20th Century.* New York: Macmillan, 1962.
Tucker, Wallace H., et Karen Tucker. *The Dark Matter: Contemporary Science's Quest for the Mass Hidden in Our Universe.* New York: William Morrow, 1988.
Verschuur, Gerrit L. *Interstellar Matters: Essays on Curiosity and Astronomical Discovery.* New York: Springer-Verlag, 1989.
Verschuur, Gerrit L., et K. I. Kellermann. *Galactic and Extragalactic Radio Astronomy* (2ème éd.). New York: Springer-Verlag, 1988.
Woerden, Hugo van, III. *Oort and the Universe.* Dordrecht, Pays-Bas: D. Reidel, 1980.
Wolstencroft, R. D., et W. B. Burton. *Millimetre and Submillimetre Astronomy.* Dordrecht, Pays-Bas: Kluwer Academic, 1988.
Zeilik, Michael, et John Gaustad. *Astronomy: The Cosmic Perspective.* New York: Harper & Row, 1983.
Zeilik, Michael, et Elske v. P. Smith. *Introductory Astronomy and Astrophysics* (2ème éd.). Philadelphie: Saunders College Publishing, 1987.

Periodiques

Adams, Walter S. "Some Results with the Coudée Spectrograph of the Mount Wilson Observatory." *Publications of the Astronomical Society of the Pacific,* décembre 1941.
Allamandola, L. J., S. A. Sandford et B. Wopenka. "Interstellar Polycyclic Aromatic Hydrocarbons and Carbon in Interplanetary Dust Particles and Meteorites." *Science,* 3 juillet 1987.
Asimov, Isaac. "Science: Out of the Everywhere." *Magazine of Fantasy & Science Fiction,* novembre 1988.
Balick, Bruce. "The Shaping of Planetary Nebulae." *Sky & Telescope,* février 1987.
Bally, John. "Interstellar Molecular Clouds." *Science,* 11 avril 1986.
Barnard, E. E. "On the Dark Markings of the Sky." *Astrophysical Journal,* janvier 1919.
Barrett, Alan H. "Radio Signals from Hydroxyl Radicals." *Scientific American,* décembre 1968.
Bartusiak, Marcia. "Signposts in the Sky." *Discover,* juillet 1981.
Blitz, Leo. "Giant Molecular-Cloud Complexes in the Galaxy." *Scientific American,* avril 1982.
"Carnegie Institution's Mt. Wilson Observatory Makes Astronomical History." *Life,* 8 novembre 1937.
Carruthers, George R. "Rocket Observation of Interstellar Molecular Hydrogen." *Astrophysical Journal,* août 1970.
Chandrasekhar, S., et E. Fermi. "Magnetic Fields in Spiral Arms." *Astrophysical Journal,* juillet 1953.
Dame, Thomas M. "The Molecular Milky Way." *Sky & Telescope,* juillet 1988.
Darling, David. "Breezes, Bangs, & Blowouts: Stellar Evolution through Mass Loss." *Astronomy,* novembre 1985.
Davis, Leverett, Jr., et Jesse L. Greenstein. "The Polarization of Starlight by Aligned Dust Grains." *Astrophysical Journal,* septembre 1951.
De Boer, Klaas S., et Blair D. Savage. "The Coronas of Galaxies." *Scientific American,* août 1982.
Dickinson, Dale F. "Cosmic Masers." *Scientific American,* juin 1978.
Eddington, Arthur S. "Bakerian Lecture — Diffuse Matter in Interstellar Space." *Proceedings of the Royal Society: Mathematical and Physical Sciences,* série A, Vol. 3, n° A759, 2 juillet 1926.
"520 Light-Years Away, a Star Is Born." *Discover,* novembre 1986.
"Formaldehyde in Space." *Scientific American,* mai 1969.
Frost, Edwin B. "Spectrographic Notes." *Astrophysical Journal,* avril 1909.
Graham, David. "The Search for the Invisible Universe." *Technology Review,* octobre 1988.
Greenberg, J. Mayo. "The Structure and Evolution of Interstellar Grains." *Scientific American,* juin 1984.
Gusten, R., sous la direction de. "Aperture Synthesis Observations of the Circumnuclear Ring in the Galactic Center." *AstrophysicalJournal,* 1er juillet 1987.
Hall, John S. "V. M. Slipher's Trailblazing Career." *Sky & Telescope,* février 1970.
Heger, Mary Lea. "The Occurrence of Stationary D Lines of Sodium in the Spectroscopic Binaries, β Scorpii and Orionis." *Lick Observatory Bulletin,* 1919, Vol. 10, n° 326.
Helfand, David J. "Fleet Messengers from the Cosmos." *Sky & Telescope,* mars 1988.
Hills, Richard E., sous la direction de. "The Hat Creek Millimeter-Wave Interferometer." *Proceedings of the IEEE,* septembre 1973.
Kaler, James B. "Origins of the Spectral Sequence." *Sky & Telescope,* février 1986.
Killian, Anita. "Galactic Center Update." *Sky & Telescope,* mars 1986.
Kunzig, Robert. "Stardust Memories: Kiss of Life." *Discover,* mars 1988.
Lada, Charles J., sous la direction de. "Molecular Clouds in the Vicinity of W3, W4, and W5." *Astrophysical Journal,* 15 novembre 1978.
McCray, Richard, et Minas Kafatos. "Supershells and Propagating Star Formation." *Astrophysical Journal,* 1er juin 1987.
McKellar, Andrew. "Evidence for the Molecular Origin of Some Hitherto Unidentified Interstellar Lines." *Publications of the Astronomical Society of the Pacific,* juin 1940.
Maddalena, Ronald J., sous la direction de. "The Large System of Molecular Clouds in Orion and Monoceros." *Astrophysical Journal,* 1er avril 1986.
Malin, David. "In the Shadow of the Horsehead." *Sky & Telescope,* septembre 1987.
Melott, Adrian. "The Invisible Universe." *Astronomy,* mai 1981.
Mitchell, S. A. "Edward Emerson Barnard, 1857-1928." *Observatory,* mai 1928.
Mumford, George S. "The Legacy of E. E. Barnard." *Sky &*

Telescope, juillet 1987.
Norman, Colin A., et Satoru Ikeuchi. "The Disk-Halo Interaction: Superbubbles and the Structure of the Interstellar Medium." *Astrophysical Journal,* 1er octobre 1989.
Norris, Ray. "Cosmic Masers." *Sky & Telescope,* mars 1986.
"PAH's: A New Breed of Interstellar Matter." *Sky & Telescope,* mars 1990.
Parker, Barry. "The Mysterious Dark Matter." *Stardate,* décembre 1989.
Payne-Gaposchkin, Cecilia. "Otto Struve as an Astrophysicist." *Sky & Telescope,* juin 1963.
Plambeck, R. L., sous la direction de. "Kinematics of Orion-KL: Aperture Synthesis Maps of 86 GHzSO Emission." *Astrophysical Journal,* 15 août 1982.
Plaskett, J. S. "The H and K Lines of Calcium in O-Type Stars." *Monthly Notices of the Royal Astronomical Society,* 14 décembre 1923.
"The Rain in Space." *Scientific American,* avril 1969.
Rank, D. M., C. H. Townes et W. J. Welch. "Interstellar Molecules and Dense Clouds." *Science,* 10 décembre 1971.
"Research on Maser-Laser Principle Wins Nobel Prize in Physics." *Science,* 13 novembre 1964.
Schneider, Stephen E., et Yervant Terzian. "Between the Galaxies." *American Scientist,* novembre-décembre 1984.
Scoville, Nick, et Judith S. Young. "Molecular Clouds, Star Formation and Galactic Structure." *Scientific American,* avril 1984.
Seeley, D., et R. Berendzen. "The Development of Research in Interstellar Absorption, c.1900-1930." *Journal of the History of Astronomy,* 1972, pp. 52-64.
Shore, Lys Ann, et Steven N. Shore. "The Chaotic Material between the Stars." *Astronomy,* juin 1988.
"Sites of Star Formation." *Science,* 4 mai 1990.
Solomon, Philip M. "Interstellar Molecules." *Physics Today,* mars 1973.
Spitzer, Lyman, Jr. "Dreams, Stars, and Electrons." *Annual Review of Astronomy and Astrophysics,* 1989.
"Split Award." *Time,* 6 novembre 1964.
Townes, Charles H., et Reinhard Genzel. "What Is Happening at the Center of Our Galaxy?" *Scientific American,* avril 1990.
Trimble, Virginia. "Existence and Nature of Dark Matter in the Universe." *Annual Review of Astronomy and Astrophysics,* 1987.
Turner, Barry E.:
"Interstellar Molecules." *Scientific American,* mars 1973.
"Recent Progress in Astrochemistry." *Space Science Reviews,* 1989, Vol. 51, pp. 235-337.
Vaughan, Christopher. "Tracking an Elusive Carbon." *Science News,* 28 janvier 1989.
Verschuur, Gerrit L.:
"Molecules between the Stars." *Mercury,* mai-juin 1987.
"Recent Measurements of the Zeeman Effect at 21-Centimeter Wavelength." *Astrophysical Journal,* 1er mai 1971.
Waldrop, M. Mitchell. "Stellar Nurseries." *Science '83,* mai 1983.
"Water Molecules in Space." *New York Times,* 17 novembre 1963.
Weaver, Harold, sous la direction de. "Observations of a Strong Unidentified Microwave Line and of Emission from the OH Molecule." *Nature,* 2 octobre 1965.
Weinreb, S., sous la direction de. "Radio Observations of OH in the Interstellar Medium." *Nature,* 30 novembre 1963.
Wilson, R. W., K. B. Jefferts et A. A. Penzias. "Carbon Monoxide in the Orion Nebula." *Astrophysical Journal,* juillet 1970.

Autres Publications

Allamandola, Louis. "Summary of: Interstellar Polycyclic Aromatic Hydrocarbons." Autorisation de publier n° 516. Moffett Field, Californie: NASA Ames Research Center.
Carlstrom, John E. "Aperture Synthesis Maps of HCN, HCO, CO, and 3 mm Continuum toward M82." RAL Preprint n° 123. Berkeley: Radio Astronomy Laboratory, University of California, octobre 1987.
Frost, Edwin B. "Biographical Memoir: Edward Emerson Barnard: 1857-1923." Essai n° 14. Washington: National Academy of Sciences, 1924.
Gammon, Richard H. "Chemistry between the Stars." Programme projeté. Washington: NASA, septembre 1976.

INDEX

Les nombres en italique renvoient aux illustrations.

REMERCIEMENTS

Les éditeurs remercient Louis Allamandola, NASA Ames Research Center, Moffett Field, Californie; Thomas M. Bania, Boston University; John Carlstrom, California Institute of Technology; S. Chandrasekhar, Laboratory for Astrophysics and Space Research, Chicago; Donna Coletti, Center for Astrophysics, Cambridge, Massachusetts; David De Young, Kitt Peak National Observatory, Tucson; Richard Dreiser, University of Chicago, Williams Bay, Wisconsin; Esther Ferington, Time-Life Books, Alexandria, Virginie; Herbert Gursky, Naval Research Laboratory, Washington; Eric Herbst, Duke University; Charles J. Lada, University of Arizona, Tucson; Ronald J. Maddalena, National Radio Astronomy Observatory, Green Bank, Virginie-Occidentale; Donald Osterbrock, Princeton University; Stephen Schneider, University of Massachusetts, Amherst; Richard Smalley, Rice University; Lyman Spitzer, Princeton University; Michael S. Turner, Fermi National Accelerator Laboratory, Batavia, Illinois; Marie-Josée Vin, observatoire de Haute-Provence; Sander Weinreb, Martin Marietta Laboratories, Baltimore; Arthur Wolfe, University of California, San Francisco; Alwyn Wootten, National Radio Astronomy Observatory, Charlottesville, Virginie; Melvyn Wright, University of California, Berkeley.

SOURCES DES ILLUSTRATIONS

Couverture, pages de garde: Illustrations Time-Life Books. 2: David Malin, Anglo-Australian Telescope Board. 3: Hale Observatories, California Institute of Technology. 4, 5: photo par l'Official U.S. Naval Observatory. 6, 7: The Observatories of the Carnegie Institution of Washington. 12, 13: The Observatories of the Carnegie Institution of Washington. 14: Lettrine, détail des pages 12-13. 15: Observatoire de Paris. 19: Mary Lea Shane Archives of the Lick Observatory, University of California, Santa Cruz. 20, 21: Yerkes Observatory, University of Chicago (3). 22, 23: Deutsches Museum, Munich; Yerkes Observatory, University of Chicago; photo du Lowell Observatory; avec l'aimable autorisation du National Research Council of Canada; AP/Wide World Photos. Illustration du fond par Doug Chezem. 24, 25: Illustration d'Yvonne Gensurowsky, Stansbury, Ronsaville, Wood, Inc. 26: Illustration Time-Life Books d'après une photo du Lowell Observatory. 28: Yerkes Observatory, University of Chicago. 30: S. Chandrasekhar. 31: National Optical Astronomy Observatories, Tucson — Mary Lea Shane Archives of the Lick Observatory. 34-41: Illustrations de Peter Sawyer. 42, 43: Harvard-Smithsonian Center for Astrophysics, Cambridge. 44: Lettrine, détail des pages 42-43. 45: AIP Niels Bohr Library; avec l'aimable autorisation des Archives, California Institute of Technology. Illustration du fond par Doug Chezem. 46, 47: UPI/Bettmann Newsphotos; AP/Wide World Photos (2); Leiden University Observatory, Leiden, Pay-s-Bas; Professor Henk C. Van de Hulst; Leiden University Observatory; Ulli Steltzer. Illustration du fond par Doug Chezem. 48, 49: AIP Meggers Gallery of Nobel Laureates; Fritz Goro pour *Life;* California Institute of Technology; California Institute of Technology, avec l'aimable autorisation de l'AIP Niels Bohr Library; Joe Munroe; avec l'aimable autorisation du Radiophysics Laboratory, CSIRO, Australie; Gerrit Verschuur. Illustration du fond par Doug Chezem. 53: Illustration Time-Life Books. 54: National Optical Astronomy Observatories. 57: Leiden University Observatory. 58, 59: Illustration d'Yvonne Gensurowsky, Stansbury, Ronsaville, Wood, Inc. Photo du cartouche par le Royal Observatory, Édimbourg. 60, 61: Illustration de Stephen R. Bauer. Photos des cartouches par l'Anglo-Australian Telescope Board (2). 64-73: Illustration de Matt McMullen. 74, 75: Lund Observatory, Lund, Suède. 76: Lettrine, détail des pages 74-75. 78, 79: The Observatories of the Carnegie Institution of Washington (2); AP/Wide World Photos; MIT Museum photo; retirée avec l'autorisation du Lincoln Laboratory, Massachusetts Institute of Technology, Lexington; AP/Wide World Photos; Museum of Science and Industry, Chicago. Illustration du fond par Doug Chezem. 80, 81: photo du MIT Museum; University of California, Berkeley; avec l'aimable autorisation de Patrick Thaddeus; Betty Statler; Ira Wyman, *Time;* Dr. Louis Allamandola, NASA Ames Research Center. Illustration du fond par Doug Chezem. 85: National Radio Astronomy Observatory, avec l'aimable autorisation de Ron Maddalena — avec l'aimable autorisation de Patrick Thaddeus (2). 88: Royal Observatory, Edinburgh and Anglo-Australian Telescope Board à partir des UK Schmidt Telescope Plates. 89: Illustration Time-Life Books d'après des courbes de niveau radio de Alwyn Wootten, Robert Loren, Bruce Wilking et Charles Lada (2). 90: Harvard-Smithsonian Center for Astrophysics — Hat Creek Observatory, University of California, Berkeley (2). 91: © California Institute of Technology 1965 et Carnegie Institution of Washington — illustration Time-Life Books d'après des courbes de niveau radio de John Carlstrom (2). 95: Illustration d'Yvonne Gensurowsky, Stansbury, Ronsaville, Wood, Inc. 96, 97: David Calvert, Royal Greenwich Observatory, Cambridge. Illustration du cartouche par Yvonne Gensurowsky, Stansbury, Ronsaville, Wood, Inc. 98, 99: Illustration de Rob Wood et Greg Harlin, Stansbury, Ronsaville, Wood, Inc. Photo du cartouche par Dr. Mark McCaughrean, University of Arizona/United Kingdom Infrared Telescope. 100, 101: Illustration d'Yvonne Gensurowsky, Stansbury, Ronsaville, Wood, Inc.; Anglo-Australian Telescope Board. 102, 103: Illustration de Rob Wood, Stansbury,Ronsaville, Wood, Inc. Illustration du cartouche par Yvonne Gensurowsky, Stansbury, Ronsaville, Wood, Inc. 104, 105: Avec l'aimable autorisation du National Radio Astronomy Observatory. 106: Lettrine, détail des pages 104-105. 107: Illustration Time-Life Books d'après un diagramme de David De Young, Kitt Peak National Observatory. 108, 109: Leiden University Observatory; California Institute of Technology; Robert P. Matthews, Princeton; Mount Stromlo and Siding Spring Observatory, Canberra, Australia; Center for Astrophysics & Space Science, University of California, San Diego; Randall Hagadorn; © 1981 John W. H. Simpson; Carnegie Institution of Washington. Illustration du fond par Doug Chezem. 110, 111: National Optical Astronomy Observatories; U.S. Naval Research Laboratory; Robert P. Matthews, Princeton; © 1981 John W. H. Simpson; Richard Mitchell, Frodsham, Cheshire; NASA Goddard Space Flight Center; James Sugar/Black Star; Andrew Clegg, National Astronomy Ionosphere Center, University of Massachusetts. Illustration du fond par Doug Chezem. 113: National Optical Astronomy Observatories. 114, 115: Illustration de Rob Wood, Stansbury, Ronsaville, Wood, Inc. 118, 119: Illustration créée sur ordinateur par Doug Chezem. 120, 121: NASA. 123: Harvard-Smithsonian Center for Astrophysics. 126-135: Illustration de Stephen Wagner.

ÉDITIONS TIME-LIFE

DIRECTRICE DES ÉDITIONS EUROPÉENNES : Ellen Phillips
Directeur artistique : Ed Skyner
Directrice administrative : Samantha Hill
Secrétaire générale de la rédaction : Ilse Gray

Correspondants : Elisabeth Kraemer-Singh (Bonn) ; Christine Hinze (Londres) ; Christina Lieberman (New York) ; Maria Vincenza Aloisi (Paris) ; Ann Natanson (Rome). Une aide précieuse a également été apportée par Elizabeth Brown (New York) ; John Dunn (Melbourne) ; Mary Johnson (Stockholm) ; Wibo Van de Linde (Amsterdam).

VOYAGE À TRAVERS L'UNIVERS

RESPONSABLE DE LA COLLECTION : Roberta Conlan
Administration de la collection : Susan Stuck

Équipe rédactionnelle pour *L'espace interstellaire*
Conception artistique : Robert K. Herndon (responsable), Dale Pollekoff
Rédactrice adjointe : Kristin Baker Hanneman (illustrations)
Secrétariat de rédaction : Allan Fallow, Stephen Hyslop, Robert M. S. Somerville
Documentation : Mark Galan, Karin Kinney, Elizabeth Thompson
Maquettiste adjointe : Barbara M. Sheppard
Coordination de la copie : Darcie Conner Johnston, Juli Duncan
Coordination de l'iconographie : Barry Anthony, Jennifer Iker
Assistante à la rédaction : Katie Mahaffey

Avec la collaboration particulière de : Deborah Byrd, George Daniels, James Dawson, Jane Ferrell, Stephen Hart, Jeff Kanipe, Frank Kendig, John Langone, Gina Maranto, Eliot Marshall, Barry Parker, Chuck Smith, Larry Thompson, Elizabeth Ward, Mark Washburn (texte) ; Vilasini Balakrishnan, Craig Chapin, Nancy L. Connors, Edward Dixon, Jocelyn G. Lindsay, Jacqueline Shaffer, Roberta Yared (documentation) ; Barbara L. Klein (index).

ÉDITION EUROPÉENNE
Maquettiste : Paul Reeves
Secrétaire de rédaction : Tim Cooke
Assistante de fabrication : Emma Veys

ÉDITION FRANÇAISE
Direction : Dominique Aubert
Secrétariat d'édition : Monique Gélard
Traduit de l'anglais par Bernard Loubières
Composition : John Booly, Paulette Poussin
Consultant : Jean-Pierre Verdet, Astronome à l'Observatoire de Paris

Titre original : *Between the Stars*

Composition photographique :
Photocompo Center S.A., Bruxelles, Belgique
Imprimé et relié par Arcata Graphics,
Kingsport, Tennessee, États-Unis.
Dépôt légal : mai 1991

ISBN 2-7344-0584-9

LES CONSEILLERS

BRUCE BALICK, professeur d'astronomie à l'University of Washington, étudie les processus selon lesquels les étoiles mourantes éjectent les matières qui donneront naissance à de nouvelles générations d'étoiles.

CHRIS BLADES, astrophysicien au Space Telescope Science Institute de Baltimore (Maryland), s'est spécialisé dans l'étude des raies d'absorption interstellaires et des quasars.

LEO BLITZ, radio-astronome spécialiste des questions interstellaires, dirige le Laboratory for Millimeter-Wave Astronomy de l'University of Marylang, à College Park.

JOEL N. BREGMAN est professeur d'astronomie à l'University of Michigan, où il étudie le milieu interstellaire dans les galaxies. Parmi ses autres domaines d'intérêt, les noyaux des galaxies actives et l'astrophysique théorique.

MARTIN COHEN est affilié au Radio Astronomy Laboratory de l'Univesity of California, à Berkeley. Au cours des vingt dernières années, il a étudié la formation des étoiles et la nature de la poussière interstellaire et circonstellaire.

EUGENE J. DE GEUS est chercheur associé dans le cadre de l'Astronomy Program de l'Universty de Maryland, où il étudie l'interaction des étoiles massives et du milieu interstellaire.

JAMES B. KALER, spécialiste de spectroscopie, enseigne l'astronomie stellaire à l'University of Illinois.

JOHN MATHIS est professeur d'astronomie à l'University of Wisconsin. Ses recherches récentes portent sur la nature et la répartition selon les tailles des grains de poussière interstellaire.

RICHARD MUSHOTZKY, astronome, spécialiste des rayons X au Goddard Space Flight Center de la NASA, à Greenbelt (Maryland), étudie plus particulièrement les galaxies actives et les amas de galaxies.

MARK J. REID est radio-astronome au Harvard Smithsonian Center for Astrophysics. Ses recherches portent notamment sur les sources astronomiques d'émissions maser et sur une technique appelée Very Long Baseline Interferometry (VLBI).

STEVEN SHORE, théoricien de l'astrophysique, est membre de l'équipe pour la High Resolution Spectrograph Science du Goddard Space Flight Center de la NASA.

PATRICK THADDEUS, physicien et enseignant à la Harvard University, s'est adonné pendant de nombreuses années à la radio-astronomie et a mis au point le minitélescope qui a servi à dresser la carte des nuages moléculaires.

SCOTT TREMAINE appartient au Canadian Institute for Theoretical Astrophysics de l'University of Toronto. Il s'y consacre aux galaxies et à la dynamique du système solaire.

BARRY E. TURNER, du National Radio Astronomy Observatory de Charlottesville (Virginie), mène des recherches sur la chimie et la physique du milieu interstellaire.

GERRIT L. VERSCHUUR, astronome spécialisé dans l'étude de l'hydrogène interstellaire, enseigne l'astronomie à l'University of Maryland et a publié de nombreux écrits sur la question.